虚拟球谐逼近区域大地水准面理论与方法

王建强　田莎莎　王方豪　著

哈尔滨工程大学出版社
Harbin Engineering University Press

内容简介

本书是一本研究构建高精度、高分辨率区域高程基准相关理论、方法和计算技术的专著。本书首先分析了利用重力场位模型计算大地水准面的方法;其次介绍了国内外大地水准面的基本理论与方法;最后利用虚拟球谐理论逼近区域大地水准面的基本理论,并给出了算例分析。本书的核心内容是提出了一种全新的虚拟球谐理论与方法,并给出了构建模型的计算方法。数值计算结果表明,虚拟球谐理论的应用范围为小区域空间,尤其适合城市级区域(似)大地水准面的构建。

本书适合测绘工程专业的本科生和研究生阅读。

图书在版编目(CIP)数据

虚拟球谐逼近区域大地水准面理论与方法/王建强,田莎莎,王方豪著. —哈尔滨 : 哈尔滨工程大学出版社,2021.7
　　ISBN 978 - 7 - 5661 - 3113 - 3

　　Ⅰ.①虚… Ⅱ.①王… ②田… ③王… Ⅲ.①大地水准面 - 物理大地测量学 Ⅳ.①P223

中国版本图书馆 CIP 数据核字(2021)第 137627 号

虚拟球谐逼近区域大地水准面理论与方法
XUNI QIUXIE BIJIN QUYU DADI SHUIZHUNMIAN LILUN YU FANGFA

选题策划　刘凯元
责任编辑　刘凯元
封面设计　李海波

出版发行　哈尔滨工程大学出版社
社　　址　哈尔滨市南岗区南通大街 145 号
邮政编码　150001
发行电话　0451 - 82519328
传　　真　0451 - 82519699
经　　销　新华书店
印　　刷　哈尔滨午阳印刷有限公司
开　　本　787 mm × 960 mm　1/16
印　　张　8
字　　数　148 千字
版　　次　2021 年 7 月第 1 版
印　　次　2021 年 7 月第 1 次印刷
定　　价　38.00 元
http://www.hrbeupress.com
E-mail:heupress@ hrbeu.edu.cn

前　　言

　　大地水准面和似大地水准面都是大地测量定义高程系统的参考面,前者作为测定正高的基准面,后者作为测定正常高的基准面。厘米级全球性的高程基准面是大地测量学家21世纪追求的目标,难度很大,但是构建区域厘米级的高程基准面基本可以实现。本书以此为背景研究了虚拟球谐理论逼近区域大地水准面的一些理论与方法。本书首先分析了利用重力场位模型计算大地水准面的方法;其次介绍了国内外大地水准面的基本理论与方法;最后利用虚拟球谐理论逼近区域大地水准面的基本理论,并给出了算例分析。本书共分7章:第1章为引言,主要介绍当前精化(似)大地水准面的一些进展情况;第2章为区域大地水准面精化的理论与方法;第3章为球谐函数计算大地水准面;第4章为球冠谐函数逼近大地水准面;第5章为虚拟球谐逼近区域大地水准面;第6章为地理因素对构建高程基准的影响;第7章为数值计算分析。本书主要为王建强、田莎莎、王方豪近几年的研究成果。

　　鉴于作者学术水平有限,疏漏之处在所难免,敬请读者批评指正。

著　者

2021年1月

目　　录

第1章 引 言

1.1 （似）大地水准面

大地水准面是最接近平均海水面的重力等位面,是定义正高高程系统的高程基准面,是能反映地球内部结构和密度分布特征的物理面[1-2],是一个大约200 m起伏的、连续光滑的封闭曲面。似大地水准面是从地面点沿正常重力线量取正常高所得端点构成的封闭曲面,是我国法定高程的起算面。不论从大地测量未来发展需要还是对工程建设的重要作用来看,构建全球和区域高程基准都是大地测量学的一项长期战略性任务。在海拔高程依然为地球科学和工程建设所需求的时代,如何利用全球卫星导航系统(Global Navigation Satellite System,GNSS)方便、准确地获取海拔高程,具有重要的科学意义和应用需求。GNSS 测量技术发展至今,已步入成熟阶段,我国的北斗导航系统已经于 2020 年面向全球提供服务。该技术在全球范围内得到了大力推广与应用,人们已经能够轻松、快速地获取精度达到毫米级的平面位置坐标,但获取与其相应的高精度的高程数据却一直未能实现。在使用 GNSS 定位技术进行测量活动时,其测量所得到的大地高已经能够达到相对较高的精度[3],然而在(似)大地水准面模型中,将大地高转换为我国工程测量所需的正常高时,难以达到令人满意的精度,说明 GNSS 高程数据大地高在转化为正常高的过程中会出现严重的精度损失。当下,我们面临的一个迫切的现实需求就是建立一个全球范围或区域性的、高分辨率的、高精度的(似)大地水准面[4]。2018 年在兰州举办的第三届中国大地测量和地球物理学学术大会上,魏子卿教授作了"第二大地边值问题"的学术报告[4],其目的是应用 GNSS 技术实现高程测量现代化。2020 年,李建成教授主持完成的"中国高精度数字高程基准建立的关键技术及其推广应用"获国家科技进步一等奖。该项目瞄准国家高程基准现代化和位置服务的重大需求,攻克了 Stokes-Helmert 边值问题严密化及其应用关键技术,形成了精密数字高程基准建立的完整技术体系,并提出了利用数字高程基准实现高程基准维持与测定的新模式,开启了我国高程基准现代化的进程。尽管 GNSS 定位技术实现了水平定位现代化,但是由于技术的限制,高程成为全面实现三维定位现代化发展的瓶颈[5]。其突破的关键是建立高分辨率、高精度高程基准,将 GNSS 观测的大地高转换为对应高程。当前,我国也同步开展了相关理论和实验研究[6-8],目标是实现高程测量现代化,如湖南省似大地水准面 2017 的模型精度可达 2.2 cm,江西省似大地水准面的内符合精度达到 1.8 cm。达到上述目标后可以用 GNSS 技术取代传统的、中低等级的水准测量工作,应用前景十分广阔。

区域大地水准面的构建是大地测量领域的重点工作之一,而对其进行精化和扩大应用范围更是重中之重,如何确定厘米级精度大地水准面依然是当今学术界一项富有挑战性的工作,只有构建出精确的(似)大地水准面,才能将 GNSS 测得的大地高转化为精确的正常高或正高。在测绘科学及相关学科研究中,构建厘米级区域(似)大地水准面既有科研价值也具有经济效益[9],同时也是当今世界测绘科学领域的热点问题。随着 GNSS 定位技术的发展,精化区域(似)大地水准面具有以下意义:①以 GNSS 水准代替繁重的几何水准测量,准确测定正常高,可充分发挥现代空间定位技术的优势,为构建数字城市、数字区域和数字中国提供高效的数据采集技术;②统一全球高程基准;③为相关地球学科研究地球内部结构和动力学过程提供重要信息。

精化高程基准面[10]的方法可以分为几何法、重力法和组合方法(几何/重力)。近些年我国省市级精化高程基准主要依据国家标准(GB/T 23709—2009)构建,即综合利用重力场模型、重力数据和地形数据构建重力似大地水准面,结合 GNSS 水准拟合残余大地水准面,实现区域高程基准的精化。高精度、高分辨率的重力场模型不断被研制出来,重力数据的处理理论和技术也日渐成熟[11-12],地形数据的利用效果也在不断加强[11,13],这些理论和方法极大地推动了精化高程基准的进度。当前,GNSS 水准拟合技术主要侧重于水准的布测和拟合方面的工作[14-16],难点在于采用何种拟合内插方法能获得最佳逼近大地水准面的效果,且一些数学模型[17-19]的探索、实验及精度评定还处于研究状态[20-21]。另一方面尽管各种拟合方法对于小范围、简单地形(图 1.1)比较有效,但对于面积较大、地形起伏较复杂的地区[22-23]拟合难度较大(图 1.2),这也是当前区域大地水准面构建的一个难点。拟合的方法主要有多项式法、多面函数法、薄板样条法、BP 神经网络法等[24-25]。这些方法目前研究较多,但如前文所述,在大区域范围内的精度仍难以提高。

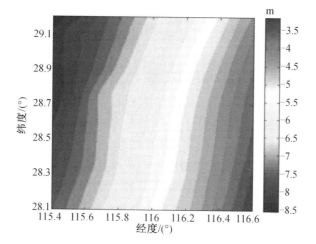

图1.1　小区域大地水准面

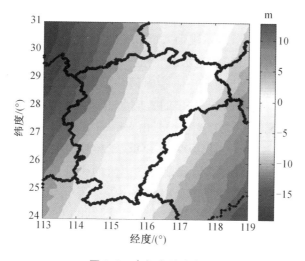

图1.2　省级大地水准面

在研究球冠谐[26]理论构建区域重力场模型中发现,球冠谐模型中非整阶次缔合勒让德函数[27]的阶次是有限的[28],构建的模型很难达到高分辨率。为了克服这个限制,借用球冠谐映射方法的思想[29-31],将球冠坐标系进行变换,其余纬数值范围为[0°,180°],然后采用整阶次缔合勒让德函数取代非整阶次缔合勒让德函数,我们称这种方法为虚拟球谐方法[32]。有研究表明:GNSS/重力得到的正常高并不等于几何水准给出的正常高,它们之间有一个系统误差[33-34],因此高精度区域

（似）大地水准面的构建仍然是当前大地测量学的一项重要内容。

1.2　国内外区域（似）大地水准面精化的研究现状

从 20 世纪 90 年代至今，世界各国都在研究（似）大地水准面，并在（似）大地水准面的精化上取得了不俗的发展与巨大的成就，（似）大地水准模型正在朝着高精度、高分辨率的趋势发展，其分辨率和精度水平较以往而言已经跨入了另一个台阶[35]。（似）大地水准面的研究具有巨大的科学与实用价值，成为其迅速发展的主要推动力，在可预见的未来，大地测量工作者将会更加努力，以期实现更大的突破。

从 20 世纪 90 年代开始，精化（似）大地水准面的研究工作在国内外以十分迅猛的态势高速发展。在国内外学者不懈努力和深入研究下，高分辨率、高精度的（似）大地水准面不断地被研发出来，不断取得更高的成就。美国、欧洲及加拿大等国家和地区在研究（似）大地水准面方面非常具有代表性，本书以这三个国家和地区的研究为例，对国外（似）大地水准面精化研究近况做出简要的介绍。

若干发达国家近几十年来实施了不断精化本国大地水准面的计划。美国从 20 世纪 90 年代开始，不断研发高精度的大地水准面模型，从最初的 GEOID90 模型到 GEOID18 模型。其中 GEOID93 模型是由 Milbert 在 1991 年率先提出的，这也是大地水准面模型的首次面世，GEOID90、GEOID93 和 G9501 三个模型都是基于相同的算法，且都是基于地面重力测量数据研发出来的模型，故称之为重力大地水准面[36]。美国在科研工作中采用 NAVD88 正高系统作为其高程基准，是根据 OSU91A 位系数直接计算得到的高程异常表达式。在 G9501 的计算中，首先按莫洛金斯基级数计算获得高程异常值，然后由所得到的高程异常值计算出相对应的大地水准面高[37]。从计算得到的高程异常值中移去 OSU91A 模型计算出来的大地重力异常值，再通过斯托克斯公式求解残差，由此得到残差高程异常值，最后恢复 OSU91A 模型计算的高程异常值，得到所求结果。随后根据已经去掉局部地形改正项和高程数据，结合 Molodensky 级数计算出高程异常值，就可以将大地水准面高程异常值转换为大地水准面高[38]。20 世纪 90 年代中后期，美国研究人员在 G9501C 的基础上采用 G96SSS 重力数据构建出了 GEOID96 模型。GEOID96 模型与 G9501C 模型在精度上并无太大的区别，但在分辨率上有所不同，GEOID96 的分辨率要比 G9501C 的分辨率高一些。GEOID96 模型的优点主要表现在：GNSS 水准网得到拓展,水准点已经增加到了 6 195 个;大地水准面分辨率得到提高,已达到 $1.0' \times 1.0'$ 的高分辨率;测量的重力数据也增加到了 260 多万个。GEOID96 的精度为 $\pm 2.0 \sim \pm 2.5$ cm。最新的大地水准面模型 GEOID18 的分辨率优于 2 km,内符合精度优于 2 cm。此外,美国已开始利用 GOCE、CHAMP 及 GRACE 三颗新一代的重力卫星来进一步提高大地水准面的精度[39],GEOID22 模型若发布,其精度和可靠性将会有较大提高。

20 世纪 80 年代初,欧洲的科研工作者们先后研制出了一系列重力(似)大地水准面模型。欧洲第一代重力(似)大地水准面模型分别是 EGG1 与 EAGG1,其中 EAGG1 模型中虽然加入了重力的数据资料,但其分辨率却只有 20 km 左右,其精度较低,是分米级(似)大地水准面,但是已经比同时出现的 EGG1 模型的精度高。欧洲于 1990 年开始建立欧洲(似)大地水准面的计划,从 1994 年至今,欧洲先后推出了 EGG94 到 EGG2015 等一系列的重力(似)大地水准面。这些重力模型在进行(似)大地水准面的精化计算时都采用了移去 - 恢复法[40-41]。研究表明[42]EGG97 模型的中长波误差精度能够达到 ± 8.0 cm 左右,短波误差精度能达到 ± 1.3 cm 左右,而 EGG2015 的拟合精度优于 3 cm。澳大利亚发布的 AUSGeoid2020 内符合精度也达到亚厘米级(http://www. ga. gov. au/ausgeoid/)。加拿大的 GSD95 大地水准面模型是以 NAVD88 为高程基准,已经生成分辨率 $5' \times 5'$ 重力异常格网数据。基于移去 - 恢复法的重力改正、空间改正及 Bouguer 改正[43-44],可以计算得出残差重力异常点,并使用最小二乘配置法[45-46]对该异常点进行网格化,通过计算获得对应的大地水准面高。已有研究人员结合加拿大地形起伏变化与地貌实际情况,通过将 GSD95 大地水准面模型与 GNSS 水准网进行比较,发现其误差为 $\pm 7 \sim 40$ cm,不符合精密测量的标准。但是通过使用偏差和倾斜的四参数模型将 GSD95 和 GNSS 大地水准面高进行拟合,其精度达到 10 cm 内。加拿大后续发布了 GSD2000、CGG2005、CGG2010 和 CGG2013 等多个参考基准,其中 CGG2013 在加拿大地区的标准精度达到 2.6 cm[47]。加拿大虽然最近没有发布新模型,但是正与美国积极合作,构建 GEOID2022(https://www. nrcan. gc. ca),届时可以覆盖加拿大区域。

从 20 世纪 50 年代建立国家天文大地网开始算起,(似)大地水准面的研究在我国已有半个多世纪的历史。1960 年,我国对一、二等天文重力水准网进行了统一平差,建立了一个中国(似)大地水准面,称为 CLQG60[48-50],随后在 CLQG60 模型的基础上开发了 WDM89 模型(180 阶),并根据我国实测重力数据在 WDM89(180 阶)模型的基础上研制出了 WDM94(360 阶的全球重力场模型)。"九五"期间,我国陈俊勇院士和宁津生院士通过国家高精度 GNSS 水准数据与高程异常值,在兼顾了卫星测高数据的情况下,建立了总精度达到分米级的中国新一代的(似)大地水准面模型,即 CQG2000(Chinese Quasi Geoid 2000)。CQG2000 模型的格网数值模型是 $5' \times 5'$,该模型覆盖了我国全部海域与陆地的领土范围[51]。

作为我国研究精化(似)大地水准面发展中的一个阶段性成果的代表,CQG2000 模型从分辨率到精度都提升到了一个新水平的高度,这使得我国在向厘米级(似)大地水准面模型的方向发展上有了更强大的推动力。例如,武汉大学重点实验室采用 Stokes-Helmert 方法,通过深入研究局部大地水准面精化的理论与方法,计算得到了一个新的 $2' \times 2'$ 中国重力场模型[5](CNGG2011)。该模型采用了 100 多万个陆地重力点数据和 SRTM 地形高数据,以及 649 个 B 级 GNSS 水准点数据,平均精度为 ± 0.13 m,东部地区平均精度为 ± 0.07 m,西部地区平均精度为 ± 0.14 m;各省区局部(似)大地水准面平均精度为 ± 0.06 m,东部平均精度为 ± 0.05 m,西部平均精度为 ± 0.11 m,西藏平均精度为 ± 0.22 m。

省市级(似)大地水准面对精度和分辨率要求很高,因此,其对数据资料(如 GNSS 水准、重力及数字地形模型等数据)的分辨率、分布、密度和精度等提出了更高要求。随着各地区及城市区域(似)大地水准面工作项目的展开,我国的(似)大地水准面精化工作取得了一系列的进展和成就,为以后全面精化厘米级(似)大地水准面打下了牢固的基础。我国首个达到厘米级精度的地区(似)大地水准面模型是海南省区域,其利用海南省已有的地面重力、$1' \times 1'$ 的 DTM 数据及地球重力场模型 WDM94 和 EGM96,采用移去-恢复法和一维 FFT 技术计算了分辨率为 $2.5' \times 2.5'$、精度为 9 cm 的海南省(似)大地水准面。江苏省(似)大地水准面是通过分辨率为 $18.75'' \times 28.125''$ 的数字地形模型和美国 NASA/NIMA 研制的 $2' \times 2'$ 全球陆地海洋高程海深模型 DTM2000,以 WDM94 和 EGM96 作为参考地球重力场模型构建的。该(似)大地水准面的分辨率为 $2.5' \times 2.5'$,其精度为 ± 7.8 cm。深圳市(似)大地水准面是利用深圳市 65 个实测高精度 GNSS 水准数据、5 213 个实测重力点数据、100 m 分辨率的数字地形模型和 WDM94 地球重力场模型,采用移去-恢复法和一维 FFT 技术构建了深圳市 1 km 格网(似)大地水准面模型 SZGEOID_2000。深圳市 1 km 格网(似)大地水准面高和(似)大地水准面高差的精度(标准差)分别为 ± 1.4 cm 和 ± 1.9 cm,其相对精度总体上优于 1×10.6。大连市(似)大地水准面是利用 GNSS 水准资料、大连市及周边地区陆地与海洋重力资料、地形与水深资料、地球重力场模型 EGM96 和 WDM94,构建了覆盖大连市及周边区域、分辨率为 $2.5' \times 2.5'$、精度为 ± 3.0 cm 的(似)大地水准面。武汉市(似)大地水准面精化是在 GGM02C 重力场模型的基础下,布设了 194 个精度为 ±6 mm 的 GNSS 水准点,2 939 个重力数据点,结合 GNSS 水准、重力数据和分辨率为 3″×3″的 DTM 模型,采用第二类 Helmert 凝集法,使得其覆盖的(似)大地水准面区域达到 10 000 km^2。北京市、上海市、广州市、成都市、福建省、安徽省、浙江省、云南省等区域都开展了相应省市级区域(似)大地水准面精化工作,并取得优异的成果,为当地的测绘生产项目带来了极大的便利,满足了城市化建设的需求。

第2章 区域大地水准面精化的理论与方法

大地水准面是指与平均海水面重合并延伸到大陆内部的水准面。因为地球表面起伏不平和地球内部质量分布不匀,所以大地水准面是一个略有起伏的不规则曲面,是一个重力等位面。本章主要介绍构建大地水准面过程涉及的高程系统概念,以及几何方法、重力方法和组合方法三种方法。

2.1 高程系统及其基准面

GNSS 大地高是由 GNSS 相对定位获得的三维基线向量,再通过 GNSS 网平差求得的以椭球面为基准的高程。高程系统由于相对基准不同,所以各种高程是有很大区别的。大地高是相对于参考椭球面的,而参考椭球是我们为了描述地球形状而设定的一个数学模型,如 WGS-84 参考椭球,大地高的方向沿着参考椭球面法线方向。

正高是相对于大地水准面的,大地水准面是重力等位面,即物体沿该面运动时,重力不做功(如水在这个面上是不会流动的)。大地水准面是描述地球形状的一个重要物理参考面,也是海拔高程系统的起算面,地球上任意一点的重力的方向都垂直于大地水准面。大地水准面是定义正高高程系统的高程基准面。

正常高是相对于似大地水准面的,正常高和大地高是数学概念(不是客观存在的,是人为定义的)。为了方便,大地测量学家创建了似大地水准面模型以代替大地水准面。似大地水准面是一个类似大地水准面的计算辅助面,既非数学面,亦非物理面(重力等位面),是我国法定高程起算面。以其为参考面得到的高程系统称为正常高,因而实际生产中普遍使用正常高。

观测系统是以大地水准面为高程起算基准,参考椭球面和大地高之间存在的大地水准面差距(如下图 2.1 所示各种参考面和高程之间的关系)。地面上一点 P 沿此处铅垂线(重力方向)到大地水准面的距离称为正高,亦称海拔高,一般用 h_{ZG}

表示该点的正高,到似大地水准面的距离称为正常高,一般用 h_{ZCG} 表示;沿椭球面法线方向到椭球面的距离称为大地高,一般用 H 表示大地高。该椭球面法线与铅垂线夹角称为垂线偏差。大地高与正高之差称为大地水准面差距,大地高与正常高之差称为高程异常。高程异常表示的是似大地水准面和椭球面这两个空间面之间的差异大小,一般用 ξ 表示。

若以 N 表示大地水准面和参考椭球面之间的差距,则正高与大地高之间的关系可以表示为

$$H = h_{ZG} + N \qquad (2.1)$$

大地高与正常高之间的关系可表示为

$$H = h_{ZCG} + \xi \qquad (2.2)$$

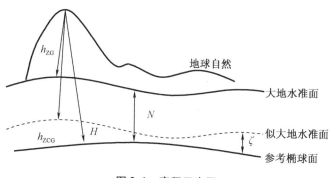

图 2.1 高程示意图

2.2 几何方法确定大地水准面

确定及精化大地水准面的方法可以归纳为重力方法、几何方法和组合方法(几何/重力),具体分类如图2.2所示。

2.2.1 GNSS 水准拟合法

随着 GNSS 测量技术在当今工程中的广泛应用,以及测绘地理空间信息技术的快速发展与不断完善,人们现在已经能够迅速、便捷地获取高精度的定位信息。但是要使 GNSS 测量的数据精度达到精密测量的水平,需要解决大地高和水准高的转换问题。大地高与正常高间是相互对应关系,一般采取 GNSS 水准拟合法来

构建重力数据分布不均、密度不足情况下的大地水准面。

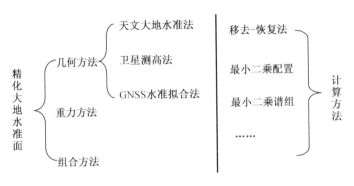

图 2.2   确定大地水准面的方法

通过 GNSS 水准拟合法来确定区域大地水准面模型,能够计算出实验区内的任意一点的高程异常值。GNSS 水准拟合法主要包括多项式拟合法[52-53]、二次曲面拟合法、多面函数拟合法[53]、最小二乘配置[45-46,54]、薄板样条法[55]、BP 神经网络法[56-57]等。

1. 多项式拟合法

通常利用泰勒公式来处理多项式函数逼近一个函数的形式,将函数利用泰勒公式展开的方法称之为多项式拟合法。

$$h_i = a_0 + a_1 x_i + a_2 y_i + a_3 x_i^2 + a_4 y_i^2 + a_5 x_i y_i + \cdots + a_{\frac{(n+1)(n+2)}{2}} y_n \ (i=1,2,\cdots,n)$$

$$(2.3)$$

平面拟合法即为一次多项式拟合,某点的高程与该点的坐标关系模型为

$$h_i = a_0 + a_1 x_i + a_2 y_i \quad i = 1,2,\cdots,n \qquad (2.4)$$

式中,n 为点的个数;a_0、a_1、a_2 为模型参数;x_i、y_i 是该点的坐标;h_i 为某点的高程。

由式(2.4)列出误差方程为

$$V = AX - h \qquad (2.5)$$

式中,$V = \begin{bmatrix} v_1 \\ v_2 \\ \vdots \\ v_n \end{bmatrix}$;$A = \begin{bmatrix} a_0 \\ a_1 \\ a_2 \end{bmatrix}$;$X = \begin{bmatrix} 1 & x_1 & y_1 \\ 1 & x_2 & y_2 \\ \vdots & \vdots & \vdots \\ 1 & x_n & y_n \end{bmatrix}$;$h = \begin{bmatrix} h_1 \\ h_2 \\ \vdots \\ h_n \end{bmatrix}$。

根据最小二乘原理可得

$$A = (X^{\mathrm{T}} X)^{-1} X^{\mathrm{T}} h \qquad (2.6)$$

得到模型系数以后,便可求得该区域任意一点的高程值[58]。

2.二次曲面拟合法

二次曲面拟合法就是在一定的区域内,已知 GNSS 数据,通过数学曲面拟合法以坐标计算高程的方法。该方法通常在高程异常变化较大的复杂地区中采用,一般模型为

$$h_i = a_0 + a_1 x_i + a_2 y_i + a_3 x_i^2 + a_4 y_i^2 + a_5 x_i y_i \quad (i = 1, 2, \cdots, n) \tag{2.7}$$

式中,n 为点的个数;a_0、a_1、a_2、a_3、a_4、a_5 为模型参数;x_i、y_i 是该点的坐标。

由式(2.7)列出误差方程为

$$V = AX - h \tag{2.8}$$

$$V = \begin{bmatrix} v_1 \\ v_2 \\ \vdots \\ v_n \end{bmatrix}; A = \begin{bmatrix} a_0 \\ a_1 \\ \vdots \\ a_5 \end{bmatrix}; X = \begin{bmatrix} 1 & x_1 & y_1 & x_1^2 & y_1^2 & x_1 y_1 \\ 1 & x_2 & y_2 & x_2^2 & y_2^2 & x_2 y_2 \\ \vdots & \vdots & \vdots & \vdots & \vdots & \vdots \\ 1 & x_n & y_n & x_n^2 & y_n^2 & x_n y_n \end{bmatrix}; h = \begin{bmatrix} h_1 \\ h_2 \\ \vdots \\ h_n \end{bmatrix}。$$

根据最小二乘原理可得

$$A = (X^T X)^{-1} X^T h \tag{2.9}$$

同样得到模型系数以后,便可求得该区域任意一点的高程值。

3.薄板样条法

薄板样条法是从一维三次样条到扩展二维的一种曲面。设某一点的高程大地水准面异常 ξ 与平面坐标(x, y)之间关系的模型为

$$\begin{cases} \xi = a_0 + a_1 x + a_2 y + \sum\limits_{i=1}^{n} F_i r_i^2 \ln r_i^2 \\[2mm] \sum\limits_{i=1}^{n} F_i = \sum\limits_{i=1}^{n} x_i F_i = \sum\limits_{i=1}^{n} y_i F_i = 0 \\[2mm] a_0 = \sum\limits_{i=1}^{n} \left[A_i + B_i (x_i^2 + y_i^2) \right] \\[2mm] a_1 = -2 \sum\limits_{i=1}^{n} B_i x_i \\[2mm] a_2 = -2 \sum\limits_{i=1}^{n} B_i y_i \\[2mm] F_i = \dfrac{P_i}{16 \pi D} \\[2mm] r_i^2 = (x - x_i)^2 + (y - y_i)^2 \end{cases} \tag{2.10}$$

其中,x_i、y_i 为已知点坐标;x、y 是未知点坐标;A_i、B_i 为待定系数;P_i 为点的负载;D 为刚度。

4. 多面函数拟合法

多面函数拟合法就是从几何观点出发,来解决根据 GNSS 点的已知数据,通过坐标计算高程,形成一个平差的数学曲面问题。多面函数的基本思想是:任何数学规则表面和不规则的圆滑表面总可以找到一定的规律,采用一系列有规则的数学表面的总和以任意精度逼近。其方程的一般形式为

$$h = \sum_{i=1}^{n} C_i Q(x, y, x_i, y_i) \qquad (2.11)$$

式中,C_i 为待定系数;$Q(x, y, x_i, y_i)$ 是以 (x_i, y_i) 为节点的核函数;n 为节点的个数。

常见的核函数表达式为

$$Q(x, y, x_i, y_i) = \left[(x - x_i)^2 + (y - y_i)^2 + \delta^2 \right]^b \qquad (2.12)$$

式中,δ 为平滑因子;b 为非零实数,一般取值 $1/2$ 或 $-1/2$。

假设区域内有 n 个 GNSS 水准点,选取其中 m 个特征点 (x_i, y_i) 为节点,令

$$Q_{ij} = Q(x_j, y_j, x_i, y_i) \qquad (2.13)$$

则每个 GNSS 控制点的高程值应满足:

$$h_i = \sum_{i=1}^{m} C_i Q_{ij} \qquad (2.14)$$

式中,$i = 1, 2, \cdots, m; j = 1, 2, \cdots, n$。

由上式列出误差方程:

$$V = QC - h \qquad (2.15)$$

根据最小二乘原理,求得系数矩阵为

$$C = (Q^T Q)^{-1} Q^T h \qquad (2.16)$$

将其代入公式(2.11),即可求得任一点的高程值。

5. BP 神经网络法

BP 神经网络作为一种复杂的非线性映射系统,在计算过程中可以削弱不确定因素,在进行区域大地水准面拟合时,剔除地形信息、观测精度等影响大地水准面精度的因素,以便计算的结果能精确、真实地反映区域大地水准面的变化趋势[59]。

BP 神经网络算法基本原理是利用输出后的误差反向递推出每一层的估计误差,然后将网络权值和阈值沿着函数下降最快的方向——负梯度方向进行修正。

正向传播过程:录入初始信息,对每一层进行计算,将结果输入转换层和隐含层,通过转换层的输出获取各个单元的实际值。

BP 神经网络模型结构图如图 2.3 所示,BP 神经网络计算流程图如图 2.4 所示。

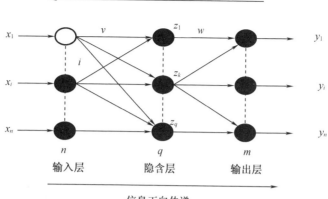

图 2.3 BP 神经网络模型结构图

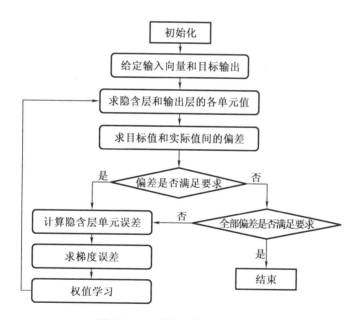

图 2.4 BP 神经网络计算流程图

隐含层中第 i 个神经元的输出为

$$al_i = fl\left(\sum_{j=1}^{n} wp_j + bl_i\right), \quad i = 1, 2, \cdots, s1 \tag{2.17}$$

式中,fl 为输出函数;j 为样本系列;n 为样本数;w 为调整网络权值;p_j 为样本位置信息;bl_i 为实际输出值,本书为高程信息。

13

输出层中第 k 个神经元的输出为

$$aL_k = fL\left(\sum_{j=1}^{n} wL_i + bL_k\right), \quad k = 1,2,3,\cdots,s2 \tag{2.18}$$

式中, fL 为输出函数; w 为调整网络权值; L_i 为样本位置信息; bL_k 为实际输出值,本书为高程信息。

定义误差函数为

$$E(W,B) = \frac{1}{2} \sum_{k=1}^{s2} (t_k - aL_k)^2 \tag{2.19}$$

式中, t_k 为观察值。

反向传播过程:如果输出层没能达到预期的结果,那么就逐层计算实验区控制点高程异常值和预期值间的差值,最后根据这些差值进行调节。

输出层的权值和阈值变化:对从第 i 个输入到第 k 个输出的权值有

$$\Delta wL_{ki} = -\eta \frac{\partial E}{\partial wL_{ki}} = -\eta \frac{\partial E}{\partial aL_k} \frac{\partial aL_k}{\partial wL_{ij}} = \eta (t_k - aL_k) fLal_i = \eta \delta_{ki} al_i$$

$$\delta_{ki} = (t_k - aL_k) fL$$

$$\Delta bL_{ki} = -\eta \frac{\partial E}{\partial bL_{ki}} = -\eta \frac{\partial E}{\partial aL_k} \frac{\partial aL_k}{\partial bL_{ij}} = \eta (t_k - aL_k) fLal_i = \eta \delta_{ki} al_i \tag{2.20}$$

隐含层权值和阈值变化:对从第 i 个输入到第 j 个输出的权值,有

$$\Delta wl_{ij} = -\eta \frac{\partial E}{\partial wl_{ij}} = -\eta \frac{\partial E}{\partial aL_k} \frac{\partial aL_k}{\partial al_i} \frac{\partial al_i}{\partial wl_{ij}} = \eta \sum_{k=1}^{s2} (t_k - aL_k) fLwL_{ki} flp_j = \eta \delta_{ij} p_j$$

$$\delta_{ij} = \sum_{k=1}^{s2} \delta_{ki} fl \tag{2.21}$$

同理可得

$$\Delta bl_i = \eta \delta_j \tag{2.22}$$

可通过 BP 神经网络模型拟合得到在实验区内任意未知点的高程,但需要足够多的数据进行训练计算,需多次计算,否则得到的结果精度较低。

2.2.2 天文大地水准法

天文大地水准法主要是通过垂线偏差来确定区域大地水准面的方法。在计算垂线偏差分量时需要使用天文经纬度及大地经纬度两个要素。从原理上讲,只要垂线偏差的点足够密集,有足够多的精准数据,就可以得到精确的值,理论上可以接近于真值。如果沿着 A、B 两点线路上点的垂线偏差 ξ 和 η 是已知的,则

$$\Delta N = \int_A^B \varepsilon \, \mathrm{d}s \tag{2.23}$$

式中, $\varepsilon = \xi\cos\alpha + \eta\sin\alpha$; ds 是指线路上相邻两点之间的距离; α 表示 ds 的方位角。

2.2.3　卫星测高法

近年来,随着遥感卫星技术的不断发展与完善,其技术和性能已日趋成熟。遥感卫星通过传感器如孔径雷达不间断地向地面发射高品质的无线电脉冲信号,经过地面接收站接收处理,可计算出卫星与平均海平面之间的高度。确定大地水准面的过程就是通常意义上被广泛应用于海洋大地测量的卫星测高技术。

2.3　重力方法确定大地水准面

2.3.1　重力场逼近的基本理论

在大地测量中,大地水准面是一个重力等位面,该重力等位面与基准海平面距离最为接近,同时海拔高程(正高)的起算面也依照重力等位面为基准。由 Bruns 公式[60]分析可知,大地水准面高 N 的相关数值,就是扰动位 T 与相关度量因子 γ (正常重力值)的比值,即

$$N = \frac{T}{\gamma} \tag{2.24}$$

在此基础上可知,当相关正常重力场的扰动位能够完全确定时,大地水准面就可随之确定。因此,扰动位 T 的求解问题可以转变为相关的大地测量边值的求解问题。大地测量边值的求解问题的一般模型为

$$\Delta T = \frac{\partial^2 T}{\partial x^2} + \frac{\partial^2 T}{\partial y^2} + \frac{\partial^2 T}{\partial z^2} = 0 \tag{2.25}$$

$$\Delta g = -\frac{\partial T}{\partial n} + \frac{T}{\gamma}\frac{\partial \gamma}{\partial n} \tag{2.26}$$

式中, ΔT 为扰动 T 的拉普拉斯算子; Δg 为重力异常,通常为物理大地测量的观测值。

经典的 Stokes 理论与 Molodensky 理论是目前重力法确定大地水准面时经常采用的方法。

2.3.2　Stokes 理论

Stokes 理论也被称为斯托克斯定理,是微分几何中关于微积分求解的一个问

题,是格林公式的推广,可利用 Stokes 理论来计算曲线积分,一般运用在数学和物理学。物理场的观点是建立场域中某一区域的场与该区域边界上场量之间的关系。传统的 Stokes 理论是把一维的积分和一个二维的积分联系起来,即前者的空间是后者的边界,而后者所积的结果是前者的导数。可以结合物理学中场的概念,场在每个点上都有一个矢量,可以看成是坐标到矢量的多元函数。

可以通过 Stokes 理论来计算重力场。重力场本身固有的不适应性可能产生无限多个密度分布,如果选定了质体表面的位值,只需要确定质体的外部引力位,那么根据布隆公式计算第一边值 Dirichlet 问题的原理,可知存在外部位函数的唯一解,且必然是该质体的外部位,这个解与质体密度分布无关,这就是 Stokes 理论的基本概念。

Stokes 理论最早是由 G. G. Stokes 于 1849 年提出的,基本理论是在水准面或其外部空间上,通过计算相关的水准面 S 和旋转角速度 W 来确定不同位置的重力位和重力。当大地水准面 S 未知,且已知内部所包含的质量与密度,可在确定离心力的条件下,借助大地水准面 S 的相关重力数值确定其位置,来实现对面的形状和外部重力位求解确定的过程[61]。

如果利用正常椭球面作为球面近似,那么 Stokes 边值问题的表达式如下:

$$\begin{cases} \Delta T = 0 & \text{在 } S \text{ 的外部} \\ \dfrac{\partial T}{\partial r} + \dfrac{2T}{R} = -\Delta g & \text{在 } S \text{ 上} \\ T \to 0 & \text{当 } r \to \infty \end{cases} \tag{2.27}$$

式中,T 表示扰动位;r 表示球面向径;R 表示地球平均半径;Δg 为球面上的重力异常函数。Stokes 解的计算结果为

$$T = \frac{R}{4\pi} \iint_{\sigma} \Delta g S(\varphi) \, \mathrm{d}\sigma \tag{2.28}$$

由 Bruns 公式求解大地水准面高为

$$N = \frac{R}{4\pi\gamma} \iint_{\sigma} \Delta g S(\varphi) \, \mathrm{d}\sigma \tag{2.29}$$

式中,σ 为单位球面;$S(\varphi)$ 为 Stokes 函数;φ 为计算点到积分面元之间的角距。可得

$$S(\varphi) = \frac{1}{\sin\dfrac{\varphi}{2}} - 6\sin\frac{\varphi}{2} + 1 - 5\cos\varphi - 3\cos\varphi \ln\left(\sin\frac{\varphi}{2} + \sin^2\frac{\varphi}{2}\right) \tag{2.30}$$

Stokes 理论是通过已知的重力异常来计算出大地水准面,但是由于其求解的

是一个理论的值,实际情况中求得的是带有变形的大地水准面。其计算得到的结果是存在误差的,除非外部没有质量才能计算得到没有误差的大地水准面。该方法计算大地水准面是有不足之处的,但是 Stokes 理论的研究成果具有很大的意义,使地球重力场成为独立的学科。

2.3.3 Molodensky 理论

相比于 Stokes 理论,Molodensky 理论[7,62]主要是研究利用地球自然表面来表示地球形状,通过地球表面上的各种观测数据来构建大地水准面,从而弥补了 Stokes 理论的不足之处。Molodensky 理论应用 Taylor 级数来解算扰动位 T,该方法计算的高程异常值 ξ 为

$$\xi = \frac{T_A}{\gamma_N} \tag{2.31}$$

式中,T_A 为地面点 A 的扰动位;γ_N 为地面点 A 相应的地形表面点 N 的正常重力。

$$T_A = T_0 + T_1 + \cdots = \sum_{n=0}^{\infty} T_n \tag{2.32}$$

$$\gamma_N = \gamma_0 - 0.308\,6H \tag{2.33}$$

式中,γ_0 为椭球上正常重力;H 为大地高。

$$T_0 = \frac{1}{4\pi R}\int S(\varphi)\Delta g \mathrm{d}\sigma \tag{2.34}$$

$$T_1 = \frac{R}{2\pi}\iint \frac{h - h_p}{l_0^3}\Delta g \mathrm{d}\sigma \tag{2.35}$$

式中,$l_0 = 2R\sin\left(\dfrac{\varphi}{2}\right)$,表示测站点和移动点在椭球面上的距离;$h_p$ 是测站点上的椭球高;h 是移动点的椭球高;$T_0,T_1,\cdots,T_n$ 为 Taylor 级数列。

2.3.4 Stokes 理论与 Molodensky 理论比较

Molodensky 理论和 Stokes 理论最大的区别在于 Molodensky 理论用来确定似大地水准面[9],Stokes 理论用来确定大地水准面[63]。Stokes 理论需要将地面的观测值延拓到大地水准面上,存在很多的假设,这给计算带来了麻烦,是一个不足之处。虽然说 Molodensky 理论弥补了 Stokes 理论需要重力向下延拓的不足之处,但是 Molodensky 理论计算地球表面形状,构建大地水准面时要求的参数太多,也容易受到外界因素的影响。由前文可知正高和正常高的起算基准面分别是大地水准面和似大地水准面,大地高 H 可表示为

$$H = H_1 + N = H_2 + \xi \qquad (2.36)$$

式中，H_1 表示地面点的正高；H_2 表示地面点的正常高。大地水准面和似大地水准面的关系表达式为

$$N - \xi = \frac{\Delta g}{\gamma} h - \frac{1}{2} \frac{1}{\gamma} \frac{\partial \delta_g}{\partial h} H_1^2 \qquad (2.37)$$

式中，h 表示地面点的正高或正常高；Δg 和 δ_g 分别为重力异常和扰动重力；$\overline{\gamma}$ 为全球正常重力平均值。由于在全球范围内，正高和正常高大部分区域几乎相等，因此 H_1 也可以用 H_2 替换。

似大地水准面是指从地面点沿正常重力线按正常高相反方向量取的正常高端点所构成的曲面，是苏联地球物理学家莫洛琴斯基研究地球形状理论时，为避免大地水准面无法精确确定而引进的辅助面。似大地水准面与大地水准面十分接近，在海洋上两者完全重合，而在大陆上有微小差异（在高海拔地区差异高达 2 ~ 3 m，但是其相对差异仍然小于千分之一）。

2.4　组合方法确定大地水准面

直接使用重力法 Stokes 理论或 Molodonsky 理论计算大地水准面时会出现一些问题，如通过数学模型计算能够得到很高的分辨率，但地球是个物理面，构成大地水准面的外界影响因素有很多，凭借数学模型计算出的结果精度较低。采用 GNSS 水准计算出的几何似大地水准面则会出现相反的问题，即精度高、分辨率低。由于使用 GNSS 水准计算需要大量的水准点精确数据，在有些地区不能满足条件，导致计算得到的精度较低。为了弥补两种方法的不足，取两者的优势，将重力法与 GNSS 水准进行组合使用。目前，组合方法是构建大地水准面较为广泛采用的方法。

2.4.1　移去－恢复法

移去－恢复法的过程是：通过卫星和精密的水准测量得到某一区域内的 GNSS 水准点数据，然后通过高程系统的转化方法计算得到这些 GNSS 水准点上的高程异常值；再通过重力场模型计算出重力似大地水准面，得到这些水准点的重力异常值，使用高程异常值减去重力异常值达到移去的目的；计算剩余结果是残差，使用

这些残差的高程异常值数据在这一区域采用内插方法通过数学模型拟合该区域的残差高程异常值,拟合后恢复之前计算时所移去的重力似大地水准面,最终得到似大地水准面模型。采用此方法计算得到的似大地水准面精度较高,实现了精化似大地水准面的目的[64]。

直接使用 GNSS 水准数据拟合大地水准面会忽视大地水准面的物理意义,造成较大的误差。物理特性大地水准面高程异常可以分为四个分量,即长波分量、中波分量、短波分量和残余分量。按照移去 – 恢复法,重力场位模型改正是大地水准面扰动位模型计算出大地水准面长波分量、中波大地水准面分量。地面重力异常改正和地形改正针对的是大地水准面的短波分量和残余分量。地形改正可以利用区域内精准的数字地面模型(DTM)数据计算,通过移去以上滤波之后得到残差高程异常,对高程异常值进行拟合逼近,最后达到 GNSS 水准数据精化的目的。

将高程异常值 ξ 分解为 ξ_{GM}、ξ_{AG}、ξ_T 三部分,分别代表长波、中波、短波部分,即

$$\xi = \xi_{GM} + \xi_{AG} + \xi_T \qquad (2.38)$$

ξ_{GM} 代表长波部分,即

$$\xi_{GM}(\rho,\theta,\lambda) = \frac{GM}{\rho\gamma} \sum_{n=2}^{\infty} \left(\frac{a}{p}\right)^n \sum_{m=0}^{n} \overline{P}_{nm}(\sin\theta)\left[\overline{C}_{nm}\cos(m\lambda) + \overline{S}_{nm}\sin(m\lambda)\right]$$

$$(2.39)$$

ξ_{AG} 代表中波部分,即

$$\xi_{AG} = \frac{R}{4\pi y} \iint \delta_g(\varphi,\lambda) S(\varphi_\rho,\lambda_\rho,\varphi,\lambda)\cos\varphi \, d_\varphi d\lambda \qquad (2.40)$$

在某些情况下我们无法获得具体高程模型数据,这时我们可以将 ξ_{AG} 与 ξ_T,即中波分量与短波分量两部分大地水准面相结合,将高程异常值简单有效地分为两个部分来求解,即

$$\begin{cases} \xi_M = \xi_{AG} + \xi_T \\ \xi = \xi_{GM} + \xi_C \end{cases} \qquad (2.41)$$

式中,ξ_{GM} 表示通过重力场模型计算得到高程异常值;ξ_M 表示剩余高程异常值。

通过移去 – 恢复法可实现在大地水准面缺少重力资料和数字高程模型时进行精化。该方法计算步骤如下:

移去:将已知的大地水准面 GNSS 水准点通过 GNSS 大地水准面高程与水准正常高相减,可求出这些点的大地水准面高程异常值,然后通过重力场模型计算得到高程异常值 ξ_{GM},可进一步求解得出大地水准面剩余高程异常值 ξ_M。

拟合:把计算得到的剩余高程异常值 ξ_M 即残差作为已知的高程数据,然后采

用 GNSS 水准拟合的方法进行内插,求出未知点的剩余高程异常值 $\Delta\xi$。

恢复:根据拟合计算出的未知点的剩余高程异常值,再加上重力模型计算出的高程异常值 ξ_{GM},就可以求得未知点的大地水准面高程异常值,并得到大地水准面模型。

目前,我国省市级大地水准面的精化主要基于移去 – 恢复法,这是目前大地水准面精化普遍采用的方法,其具体计算流程如图 2.5 所示。

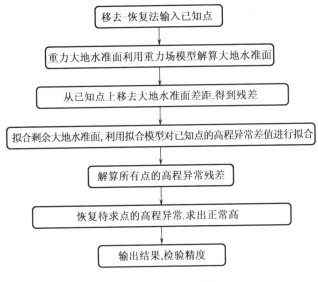

图 2.5　移去 – 恢复法计算流程

2.4.2　组合法

在实际计算中,通常采用分步计算方法,即首先应用移去 – 恢复法计算重力大地水准面,然后以高精度的 GNSS 水准数据作为控制,采用多项式拟合法或其他拟合方法将重力大地水准面拟合到由 GNSS 水准确定的几何大地水准面上,旨在消除这两类大地水准面之间的系统偏差。一般说来,消除系统误差后的重力大地水准面与 GNSS 水准之间仍存在残差,这些残差包含了部分有用信息,再利用 Shepard 曲面拟合法、加权平均法及最小二乘配置等对这些剩余残差进行格网拟合,并将拟合结果与消除系统误差之后的重力大地水准面叠加,得到大地水准面的最终数值结果。组合法流程如图 2.6 所示。

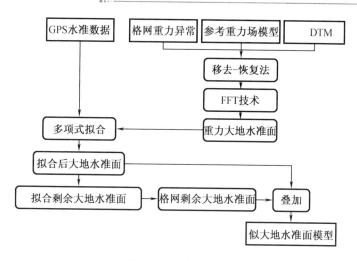

图 2.6 组合法流程

2.5 拟合精度检验方法

无论是单纯的 GNSS 水准点拟合,还是使用移去－恢复法构建大地水准面,最后都是通过数学模型进行内插,所以我们需要知道采取拟合法计算得到的值是否能够达到必要的精度,因此有必要对拟合的结果进行精度检验。在进行 GNSS 水准拟合时,需要在已知的水准点中抽取出一部分作为控制点和校核点。精度评定的方法如下。

1. 内符合精度

根据已知 GNSS 水准拟合中参与拟合的控制点数据,计算得到这些水准点的高程异常值,通过移去重力模型计算得到重力异常值,两者相减得到残差 V。内符合精度 μ 的表达式为

$$\mu = \pm \sqrt{[VV]/(n-1)} \tag{2.42}$$

式中,n 为 GNSS 水准拟合中参与拟合的控制点的个数。

2. 外符合精度

根据已知 GNSS 水准拟合中抽取校核点的数据,计算得到这些校核点的高程

异常值,通过移去重力模型计算得到重力异常值,两者相减得到残差 V。外符合精度 σ 的表达式为

$$\sigma = \pm \sqrt{[VV]/(t-1)} \qquad (2.43)$$

式中, t 为 GNSS 水准拟合中校核点的个数。

第3章　球谐函数计算大地水准面

3.1　地球重力场的基本概念

　　地球引力和地球自转产生的离心力对地球空间任意质点都产生作用。地球形状和地球本身内部质量分布决定着引力 F 的大小,即

$$F = G \cdot \frac{M \cdot m}{r^2} \tag{3.1}$$

　　对单位质点,有

$$F = GM/r^2 \tag{3.2}$$

式中,M 代表地球质量;m 代表质点质量;G 代表万有引力常数;r 代表质点到地心的距离;GM 代表地球引力常数,398 600 km^3/s^2。

$$g = \frac{F_y}{m} \tag{3.3}$$

式中,g 代表表面引力加速度;F_y 代表地球表面附近的物体所受地球的引力;m 为物体的质量。

　　质点所在的指向平行圈半径的外方向的力被称为离心力,用字母 P 表示,其计算公式为

$$P = m\omega^2\rho \tag{3.4}$$

　　对单位质点,有

$$P = \omega^2\rho \tag{3.5}$$

式中,ω 代表的是可由天文精确测量得到的地球角速度,其大小为 7. 292 115 $\times$ 10^{-5} rad $\cdot$ s^{-1};ρ 代表该质点所在平行圈的半径。

　　任意质点的重力 g 为引力 F 和离心力 P 的合力,即

$$g = F + P \tag{3.6}$$

地球物体所受到的重力就是地球对物体的引力与地球自转时产生的惯性离心

力的合力。通常情况下重力与纬度的大小正相关,因此可知其值在地球两极最大,而在赤道则最小。地球重力场的定义为地球表面重力加速度在地球表面各处的分布,该项指标综合反映了地球物质分布与旋转运动的有关信息。

3.2　重力场位模型

地球外部引力位满足 Laplace 方程[65],即

$$\Delta V = 0 \tag{3.7}$$

式中,V 是地球外部引力位;Δ 为 Laplace 算子,在直角坐标系中,它的形式为 $\frac{\partial^2}{\partial x^2} + \frac{\partial^2}{\partial y^2} + \frac{\partial^2}{\partial z^2}$。在地心球坐标系中,地球外部引力位的解析表达式为

$$\Delta V = \frac{\partial V^2}{\partial r^2} + \frac{2}{r} \frac{\partial V}{\partial r} + \frac{1}{r^2} \frac{\partial V^2}{\partial \theta^2} + \frac{\cot \theta}{r^2} \frac{\partial V}{\partial \theta} + \frac{1}{r^2 \sin^2 \theta} \frac{\partial V^2}{\partial \lambda^2} = 0 \tag{3.8}$$

其中,r、θ、λ 分别为地球外部一点的地心径向距离、地心余纬和经度。

上述问题的解可以用分离变量方法求出。地球外部引力位可以表示为

$$V(r,\theta,\lambda) = \frac{GM}{r} \sum_{n=0}^{N_{max}} \left(\frac{R}{r}\right)^n \sum_{m=o}^{n} \left[\bar{C}_{nm} \cos(m\lambda) + \bar{S}_{nm} \sin(m\lambda) \right] \bar{P}_{nm}(\cos\theta) \tag{3.9}$$

式中,GM 为万有引力常数和地球总质量的乘积;N_{max} 为地球重力场模型截断阶;R 为地球平均半径;n 和 m 分别为位模型级数表达式的阶和次;$\bar{P}_{nm}$ 为 n 阶 m 次完全正规化的勒让德函数;$\bar{C}_{nm}$ 和 $\bar{S}_{nm}$ 为 n 阶 m 次完全正规化的重力场位模型系数。

如果已知地球外部任意一点 P 的空间直角坐标(x,y,z),则这一点的球坐标(r,θ,λ)满足如下关系:

$$r = \sqrt{x^2 + y^2 + z^2} \tag{3.10}$$

重力场位模型系数的确定是地球重力场位模型研制的基本任务之一。目前,国内外研发出许多重力场位模型[66-67],卫星重力测量技术也在高速发展[68-70],其相关理论和技术也逐步成熟。若已知地球重力场位模型,则可以计算出地球外部空间任一点的大地水准面差距,因此可利用精细的高阶地球重力场位模型精化大地水准面。

若用地心纬度代替地心余纬,则相应的地球外部引力位公式为

$$V(r,\theta,\lambda) = \frac{GM}{r} \sum_{n=0}^{N_{\max}} \left(\frac{R}{r}\right)^n \sum_{m=0}^{n} \left[\, \overline{C}_{nm}\cos(m\lambda) + \overline{S}_{nm}\sin(m\lambda) \,\right] \overline{P}_{nm}(\sin\varphi)$$

(3.11)

式中,φ 为地心纬度,其他各符号的意义和式(3.9)中的相同。

地面上任意一点 $P(r,\theta,\lambda)$ 正常位 U 的球谐展开可表示为

$$U = \frac{GM}{r}\left[1 - \sum_{n=1}^{\infty} J_{2n}\left(\frac{a}{r}\right)^{2n} P_{2n}(\theta)\right]$$

(3.12)

式中, J_{2n} 可以通过现代观测技术精确求出;$P_{2n}(\theta)$ 是勒让德函数。由于选择正常重力场时, 以与地球自转角速度 ω 相等的旋转椭球作为参考正常重力场,所以经度变量消失。又由于正常重力场与赤道面对称,所以只有偶数阶带谐项,奇次阶的带谐项大小相等,符号相反,互相抵消。如果假设地球质量等于参考椭球的质量,并使两者的质心重合,扰动位的零阶项和一阶项就会消失。因此,扰动位的球谐表达式为

$$T = V - U = \frac{GM}{r} \sum_{n=2}^{N_{\max}} \left(\frac{R}{r}\right)^n \sum_{m=o}^{n} \left[\, \overline{C}_n^{*m}\cos m\lambda + \overline{S}_n^m\sin m\lambda \,\right] \overline{P}_n^m(\theta)$$

(3.13)

式中

$$\overline{C}_{2n}^{*m} = \overline{C}_{2n}^m + J_{2n}\big/\sqrt{2n+1}$$

(3.14)

由 Bruns 公式[38]可以计算出大地水准面:

$$N = \frac{T}{\overline{\gamma}} = \frac{GM}{\overline{\gamma}r} \sum_{n=2}^{N_{\max}} \left(\frac{R}{r}\right)^n \sum_{m=0}^{n} \left[\, \overline{C}_n^{*m}\cos m\lambda + \overline{S}_n^m\sin m\lambda \,\right] \overline{P}_n^m(\theta)$$

(3.15)

由于公式中的系数是已知的,因此将坐标信息代入上面公式就可以计算出任意一点的大地水准面。利用式(3.15)计算的大地水准面有两个误差源,一个是位系数的误差,另外一个是截断到 $N_{\max}$ 阶所引起的误差。我们把后者称为模型截断误差,可以采用重力异常来估算[71]。大地水准面上的重力异常可以用 $N_{\max}$ 阶中的异常表示为

$$\Delta g = \sum_{n=2}^{N_{\max}} \Delta g_n$$

$$\Delta g_n = \frac{GM}{R^2}(n-1) \sum_{m=0}^{n} \left[\, \overline{C}_n^{*m}\cos m\lambda + \overline{S}_n^m\sin m\lambda \,\right] \overline{P}_n^m(\theta)$$

(3.16)

由此可以得到

$$\frac{\Delta g_n}{n-1}\left(\frac{R}{r}\right)^2 = \frac{GM}{r^2}\sum_{m=o}^{n}\left[\bar{C}_n^{*m}\cos m\lambda + \bar{S}_n^m\sin m\lambda\right]\bar{P}_n^m(\theta) \qquad (3.17)$$

将式(3.17)代入公式(3.15)可得

$$N = \frac{r}{\bar{\gamma}}\sum_{n=2}^{N_{\max}}\left(\frac{R}{r}\right)^{n+2}\frac{\Delta g_n}{n-1} \qquad (3.18)$$

扰动引力分量截断误差用下列公式估计:

$$\sigma_N = \frac{r}{\bar{\gamma}}\sqrt{\sum_{n=N+1}^{+\infty}\left(\frac{1}{n-1}\right)^2\left(\frac{R}{r}\right)^{2+4}C_n} \qquad (3.19)$$

式中,R 为地球平均半径;C_n 的计算公式利用 MoritZ 两分量模型和 Lapp 参数,即

$$C_n = 3.405\frac{n-1}{n+1}0.998\,06^{n+2}140.03\frac{n-1}{(n-2)(n+2)}0.914\,232^{n+2} \qquad (3.20)$$

扰动引力分量径向截断误差可用下式估计:

$$\sigma_H = \frac{r}{\bar{\gamma}}\sqrt{\sum_{n=N+1}^{+\infty}\frac{n(n+1)}{(n-1)^2}\left(\frac{R}{r}\right)^{2+4}C_n} \qquad (3.21)$$

式中,$C_2 = 7.5$ mGal^2。计算阶次的上限为 100 000,$R = 6\,371$ km,计算结果如图 3.1 所示。

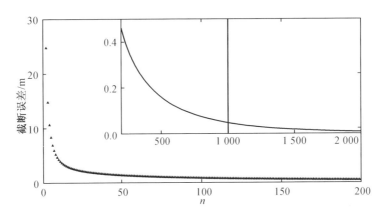

图 3.1 大地水准面模型截断误差

3.3 缔合勒让德函数的递推计算方法

由式(3.15)可知,地球重力场位模型计算大地水准面涉及缔合勒让德函数(Associated Legendre Functions,ALFs)[72-74]的计算。该项计算是由地球重力场模型计算地球上任一点大地水准面中计算工作量最大的部分,因此 ALFs 函数的稳定计算是实现地球重力场位模型计算大地水准面的关键一环。ALFs 的计算包括直接法和递推法,由于直接法的速度和稳定性都远不如递推法,因此在实际应用中常用递推法计算 ALFs。递推法计算 ALFs 的方法有多种[75-77],以下仅介绍标准向前列递推计算。

ALFs 函数满足下列基本关系式,该关系式也是 ALFs 快速算法的推导基础,称为标准向前列递推计算[78-80]。

$$\begin{cases} \overline{P}_{00}(\sin \varphi) \\ \overline{P}_{11}(\sin \varphi) = \sqrt{3}\cos \varphi \\ \overline{P}_{m}(\sin \varphi) = \sqrt{\dfrac{2n+1}{2n}} \cos \varphi\, \overline{P}_{n-1,n-1}(\sin \varphi),(n \geqslant 2) \\ \overline{P}_{n,n-1}(\sin \varphi) = \sqrt{2n+1} \sin \varphi\, \overline{P}_{n-1,n-1}(\sin \varphi),(n \geqslant 1) \\ \overline{P}_{nm}(\sin \varphi) = \alpha_{nm} \sin \varphi\, \overline{P}_{n-1,m}(\sin \varphi) \\ \quad - \gamma_{nm}\overline{P}_{n-2m}(\sin \varphi)(0 \leqslant m \leqslant n-2,n \geqslant 2) \end{cases} \quad (3.22)$$

式中

$$\begin{cases} \alpha_{nm} = \sqrt{\dfrac{(2n-1)(2n+1)}{(n-m)(n+m)}} \\ \gamma_{nm} = \sqrt{\dfrac{(2n+1)(n+m-1)(n-m-1)}{(2n-3)(n-m)(n+m)}} \end{cases} \quad (3.23)$$

缔合勒让德函数的一阶导数满足下列递推关系:

$$\frac{\mathrm{d}\overline{P}_{nm}(\sin \varphi)}{\mathrm{d}\varphi} = \beta(m)\overline{P}_{n(m+1)}(\sin \varphi) - m\tan \varphi\overline{P}_{nm}(\sin \varphi) \quad (3.24)$$

式中,$\beta(m) = \left[\dfrac{1}{2}(2-\delta)(n-m)(n+m+1)\right]^{1/2}$;$\delta = \begin{cases} 1 & m=0 \\ 0 & m \neq 0 \end{cases}$。式(3.24)计算

有逻辑判断,不方便使用,比较适用的公式为

$$\frac{\mathrm{d}\overline{P}_{nm}(\sin\varphi)}{\mathrm{d}\varphi} = n\sin\varphi\,\overline{P}_{nm}(\sin\varphi) - \frac{\sqrt{2n+1}}{\sqrt{2n-1}}\sqrt{n+m}\sqrt{n-m}\,\overline{P}_{n-1,m}(\sin\varphi)$$

$$(3.25)$$

更多的缔合勒让德函数及其导数计算公式可参考相关文献[81-82]。显然,当重力场模型的截断阶为 $N_{\max}$ 时,需要计算的 ALFs 函数个数为 $(N_{\max}+1)^2$ 个,该关系式表明重力场模型截断阶会以平方关系影响 ALFs 的数目。因此,随着重力场模型截断阶的升高,从 ALFs 的计算数目上讲工作量以平方关系增加。为了快速完成这一部分的计算,下面逐步给出同时满足计算稳定和高效计算的实用公式。在讨论 ALFs 一阶导数的计算时,存在类似的问题,因此下面集中讨论 ALFs 的数值计算问题,其处理方法可以直接用到 ALFs 一阶导数的计算中。

从递推公式(3.22)可以看出,以 $\overline{P}_{00}(\sin\varphi)$ 和 $\overline{P}_{11}(\sin\varphi)$ 为起始值计算 ALFs 中的田谐项($n=m$ 的 ALFs)。注意到 $\gamma_{m-1,m}\equiv0$,因此尽管递推式中出现的项 $\overline{P}_{m-1,m}(\sin\varphi)$ 并不存在,但由于系数 $\gamma_{m-1,m}$ 使该项消失,故 $\overline{P}_{m+1,m}(\sin\varphi)$ 可以由 $\overline{P}_{mm}(\sin\varphi)$ 导出。由 $\overline{P}_{mm}(\sin\varphi)$ 和 $\overline{P}_{m+1,m}(\sin\varphi)$ 作为递推的种子可以完成次为 m 的所有 ALFs 的计算。该计算过程可以图示为逐列计算的 ALFs 计算流程。同理,注意到 $\gamma_{n,n-1}\equiv0$,可以把田谐项作为种子,固定阶为 n,逐项计算 $\overline{P}_{nm}(\sin\varphi)$ ($m=n-1$, $n-2,\cdots,0$),归纳起来就是如图 3.2 所示的逐列计算格式。

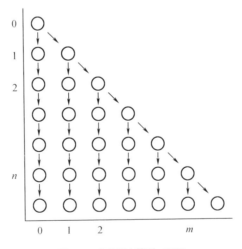

图 3.2　逐列计算的 ALFs

3.4 重力场模型

重力场模型是地球引力位的球冠谐函数表达,是对地球进行积分,可以通过计算球冠谐系数确定地球的物理形状,以及其外部的重力场,具体的表现形式为一组截断到有限阶次的球冠谐函数级数展开式的系数。世界上第一个地球重力场模型是 Kaula 在 20 世纪 50 年代构建的,是一个 8 阶次的重力模型,其具有重大的意义,为人们研究地球重力和大地水准面提供了方向。现今全世界各国都在构建自己国家的重力场模型,现公开发布的重力场模型超过 150 个[83]。

随着时代的发展,特别是 21 世纪的到来,空间探测技术飞速发展,重力卫星已经能够获取大量的、全面的重力相关信息,跟踪卫星和卫星重力梯度测量技术的研究和发展推动了重力场模型的发展,因而可以很大程度上提高重力场模型的分辨率和精度。最新一代的重力卫星是 CHAMP(Challenging Minisatellite Payload)、GRACE(Gravity Recovery and Climate Experiment)和 GOCE(Gravity Field and Steady-state Ocean Circulation Explorer)。表 3.1 为三种重力卫星的主要参数。

表3.1 三种重力卫星的主要参数

	CHAMP	GRACE	GOCE
国家和地区	德国	德国、美国	欧洲
实施时间	2000 年	2002 年	2009 年
测量模式	SST. hl	SST. hl/ll	SST. hl/SSG
轨道倾角	87.3°	89.0°	96.5°
轨道离心率	<0.004	<0.004	<0.004
轨道高度	300 ~ 454 km	300 ~ 500 km	250 km
空间分辨率	285 km	166 km	——
运行时间	>5 a	>5 a	>2 a

对全球进行大地水准面重力观测,再对观测得到的数据进行分析是建立重力场模型的一种重要方法。但是,现实生活中对地球上每一个角落都进行重力测量,在现有技术上几乎是不可能的。而且,已经观测得到的重力观测值也存在着或大

或小的误差,如地形起伏、电离层折射、空气密度等一系列客观因素都会导致误差。因此重力场模型只是在一定分辨率下对地球重力位的大地水准面逼近[9,40]。

地球重力场模型可以用球谐函数展开式来表述[84-85]。地球外部重力位的球谐表达式为

$$V_{(r,\theta,\lambda)} = \frac{GM}{r}\left\{1 + \sum_{n=2}^{\infty}\sum_{m=2}^{n}\left(\frac{a}{r}\right)^n \overline{P}_{nm}(\cos\theta)\left[\overline{C}_{nm}\cos(m\lambda) + \overline{S}_{nm}\sin(m\lambda)\right]\right\} + \frac{1}{2}\omega^2 d^2$$

$$(3.26)$$

式中,参数与式(3.9)一致,w 为地球自转参数,d 为该点到地球旋转轴的距离。正常重力位即由地球参考椭球给出的重力位 U 的级数展开表达式为

$$U_{(r,\theta,\lambda)} = \frac{GM}{r}\left[1 - \sum_{n=1}^{\infty}J_{2n}\left(\frac{a}{r}\right)^{2n}P_{2n}(\theta)\right] + \frac{1}{2}\omega^2 d^2 \qquad (3.27)$$

式中,J_{2n} 为系数值,可以利用卫星大地测量技术计算;$P_{2n}(\theta)$ 为勒让德函数。式(3.26)减去式(3.27)可得扰动位重力异常位 T,即地球实际重力场 V 与地球参考椭球重力场 U 之差,表达式为

$$T_{(r,\theta,\lambda)} = V_{(r,\theta,\lambda)} - U_{(r,\theta,\lambda)} \qquad (3.28)$$

$$T_{(r,\theta,\lambda)} = \frac{GM}{r}\sum_{n=2}^{\infty}\sum_{m=2}^{n}\left(\frac{a}{r}\right)^n \overline{P}_{nm}(\cos\theta)\left[C_{nm}\cos(m\lambda) + S_{nm}\sin(m\lambda)\right]$$

$$(3.29)$$

公式中所对应的球谐系数 C_{nm} 和 S_{nm} 即为重力异常位系数。

当我们构建好了重力场模型后,为确定其价值和应用情况,需要对模型的精度进行评价。常用的精度评价方法是通过位模型系数阶方差 e_n 的大小来进行评价[56]。位模型系数阶方差为

$$e_n = \sqrt{\frac{1}{2n+1}\sum_{i=1}^{n}\left[(\sigma C_{nm})^2 + (\sigma S_{nm})^2\right]} \qquad (3.30)$$

相应阶次位模型系数的中误差分别为 σC_{nm} 和 σS_{nm},在实际的应用中,σC_{nm} 和 σs_{nm} 也常用于解算模型与参考模型的位系数之差,表示解算模型与参考模型之间的差异。重力异常误差和高程异常误差表达式为

$$\sigma_{\Delta g} = \sqrt{\frac{1}{n-1}\sum_{i=1}^{n}(\Delta g_{\text{EGM}}^i - \Delta g_{\text{REAL}}^i)^2} \qquad (3.31)$$

$$\sigma_{\xi} = \sqrt{\frac{1}{n-1}\sum_{i=1}^{n}(\Delta\xi_{\text{EGM}}^i - \Delta\xi_{\text{REAL}}^i)^2} \qquad (3.32)$$

式中,Δg_{EGM}^i 和 $\Delta\xi_{\text{EGM}}^i$ 分别为检验区域计算点模型重力异常和模型高程异常;Δg_{REAL}^i 和 $\Delta\xi_{\text{REAL}}^i$ 为相应点的实测重力场元值;n 为检验区域的总点数。

本书主要在测量区域内应用4个重力场模型,并对其计算结果进行对比分析,研究 EGM2008、EIGEN - 6C4、GOCO05C、ITU_GRACE16[59] 四种模型计算的似大地水准面与我国基准面的差异。本书没有采用 EGM96 和其他重力模型是因为已有大量学者研究过 EGM2008 与 EGM96 模型的区别,证明 EGM2008 优于 EGM96 模型。EGM2008 是应用最多的模型,EIGEN - 6C4 是达到 2 159 阶次的高阶模型,GOCO05C、ITU_GRACE16 是最近新研发出的重力模型。

(1)EGM2008 重力场模型是美国国家地理空间情报局(US National Geospatial Intelligence Agency,NGA)于 2008 年 4 月推出的全球超高阶(最高阶 2 190 阶)最新一代全球重力场模型。该模型的空间分辨率为 $5' \times 5'$,是目前应用在科学研究和工程应用中最多的模型。

(2)EIGEN - 6C4 重力场模型,是由 GFZ(GeoFors-chungs Zentrum Potsdam) 采用地面重力数据、卫星测高数据及卫星重力数据(SLR、GRACE 和 GOCE) 解算而成,最高阶次达到 2 159 阶,可拓展到 2 190 阶次。该模型是现今 GOCE 数据参与解算的阶次最高的重力场模型。

(3)GOCO05C 重力场模型是 2015 年提出的,采用地面重力数据、卫星测高数据及卫星重力数据(SLR、GRACE 和 GOCE) 解算而成,最高阶次为 720 阶。

(4)ITU_GRACE16 重力场模型是 2016 年提出的,由卫星测高数据 GRACE、GNSS 卫星数据采用改进的积分法累积计算而成,最高阶次为 180 阶。该模型方法主要对双卫星的动态轨道进行重构,以减小的动态 GNV1B 轨道和 Acceloremeter 校准参数,通过拟合轨道坐标 X、Y、Z,使用最小二乘方法建立的参考模型。与动态计算方法不同,ITU_GRACE16 采用分步方法计算:首先,利用改进的积分法和重建的轨道参数估计两颗卫星的位势差;然后,通过对重力势差观测的利古尔反演来估计重力势系数。此外,为了提高卫星间相对速度间距的准确性,还引入了距离率测量,这是重力恢复中最重要的轨道分量。

EGM2008 模型综合观测数据构建的完全阶次已达到了 2 159 阶次,其最高阶数扩展到 2 190 阶次。EIGEN - 6C4 模型使用了多源重力场信息,该模型构建的完全阶次达到 2 190 阶次,并使用了 GOCE 卫星的有关重力梯度观测数据,所以从理论上来说 EIGEN - 6C4 模型的精度要优于 EGM2008 模型。GOCO05C 模型是综合利用 GRACE、GOCE、SLR 纯卫星观测数据构建的 720 阶次的地球重力场模型。ITU_GRACE16 模型是最新提出的重力场模型,最高阶次为 180 阶次。由于 ITU_GRACE16 模型没有被正则化或约束,所以误差会随着阶次的增加而增加,所以 ITU_GRACE16 模型运算时最好不超过 130 阶次,可用于与其他卫星模型(如 GOCE)、地面重力数据和测高仪的正常方程水平的独立比较和组合。表 3.2 为本书研究的地球重力场模型,表3.3 为不同地球重力场模型对应的椭球参数。

表3.2　本书研究的地球重力场模型

重力场模型	阶次	使用数据
ITU_GRACE16	180	S(GRACE)
GOCO05C	720	S(GRACE,GOCE),G,A
EIGEN－6C4	2 190	S(GOCE,GRACE,LAGEOS),G,A
EGM2008	2 190	S(GRACE),G,A

表3.3　不同地球重力场模型对应的椭球参数

重力场模型	半轴长	扁率	地球引力常数
ITU_GRACE16	6 378 136.60	1/298.257 223 563	$3.986004415 \times 10^{14}$
GOCO05C	6 378 136.30	1/298.257	$3.986004415 \times 10^{14}$
EIGEN－6C4	6 378 136.46	1/298.257 223 563	$3.986004415 \times 10^{10}$
EGM2008	6 378 136.30	1/298.257	$3.986004415 \times 10^{14}$

为对比分析 4 种重力场模型构建大地水准面的区别,下载 40°N ~ 42.5°N、113°E ~ 115.5°E 区域内的高分辨率格网数据,通过 MATLAB 编程软件进行编程,然后分别运用 EGM2008、EIGEN－6C4、GOCO05C、ITU_GRACE16 这 4 个地球重力模型,计算出该区域的大地水准面并形成图片。

由于 ITU_GRACE16 重力模型最高阶次为 180 阶,所以先选取 180 阶次作为截断,构建出区域大地水准面。从图 3.3 至图 3.6 中可以看出,该区域大地水准面接近一个系统性的倾斜面,可观察出西北方向凹陷,东南方向凸出,该区域的大地水准面起伏幅度接近 10 m。通过对比 EGM2008、EIGEN－6C4、GOCO05C、ITU_GRACE16 模型,可以看出 ITU_GRACE16 模型明显不同于其他 3 种重力模型,大地水准面范围为 －7 ~ 17 m。EGM2008、EIGEN－6C4、GOCO05C 这 3 种模型构建的大地水准面近似,其范围在 －9 ~ 19 m。GOCO05C 模型与 EGM2008、EIGEN－6C4 模型有较为明显的区别,可以看出 EGM2008、EIGEN－6C4 两种重力场模型是最为近似的。

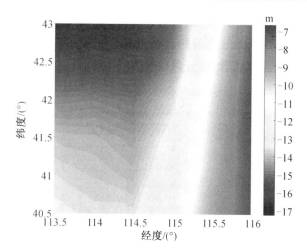

图 3.3 ITU_GRACE16 模型构建的大地水准面

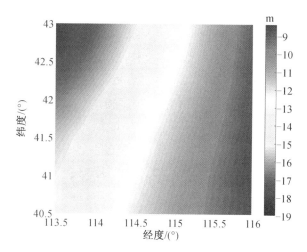

图 3.4 GOCO05C 模型构建的大地水准面

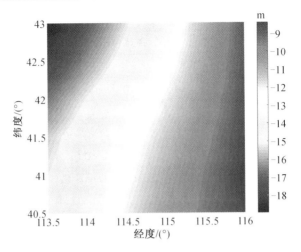

图 3.5　EIGEN−6C4 模型构建的大地水准面

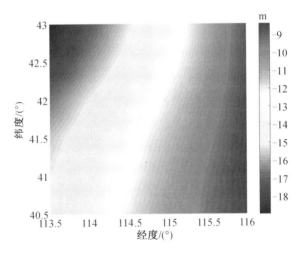

图 3.6　EGM2008 模型构建的大地水准面

第4章　球冠谐函数逼近大地水准面

要描述局部重力场的精细结构,采用全球重力场位模型是很难达到要求的。球冠谐分析方法是建立局部重力场理论的一个比较理想的方法[86],实际上球冠谐在地磁方面也有广泛的应用[87-89]。严格来讲,球谐模型是球冠谐的一种特殊情况。

本章介绍球冠谐展开的基本理论,对 Muller 方法计算非整阶次缔合勒让德函数进行计算分析,探讨球冠谐理论存在的问题,并通过仿真实验得出球冠谐理论在弹道学中的使用范围。

4.1　球冠谐展开

在球冠谐分析中,地球外部重力场位满足 Laplace 方程,同球谐分析一样,可以用分离变量法获得方程的解[90]。在球冠坐标系下,球冠半径为 θ_0,任一点的坐标为 (r,θ,λ),r 为该点的地心距离,θ 为球冠坐标系下的余纬,λ 为球冠坐标系下的经度。由于在球冠谐分析中,极角的范围不再是 $[0,\pi]$,因此余纬的边界条件在余球坐标系中也不同,此时的边界条件[86,90-91]为

$$T(r,\theta_0,\lambda) = f(r,\lambda) \tag{4.1}$$

$$\left.\frac{\partial T(r,\theta,\lambda)}{\partial\theta}\right|_{\theta=\theta_0} = g(r,\lambda) \tag{4.2}$$

两式右端的函数均与 θ 无关,在球谐分析中,仅有缔合勒让德函数与 θ 有关。Haines 已经证明,上述两个方程的基函数可以通过以下两方程分别满足

$$p_n^m(\cos\theta) = 0 \tag{4.3}$$

$$\left.\frac{\partial p_n^m(\cos\theta)}{\partial\theta}\right|_{\theta=\theta_0} = 0 \tag{4.4}$$

由于经度范围和球谐分析中的经度范围相同,因此对应的本征值 m 为整数变量。当给定式(4.3)和式(4.4)的 θ_0 时,可以单独确定一组对应 m 的 n 值序列,此

时的 n 为非整数,非整阶缔合勒让德函数特征值[27,75],可通过 Muller 方法计算。若非整阶缔合勒让德函数序列通过球冠来确定,相关文献[92]指出需要利用两个正交基数。令 k 为 n 值序列下标,并定义 $k-m$ 为奇数时采用式(4.3)获取本征值序列,$k-m$ 为偶数时采用式(4.4)获取本征值序列。因此可以看出,球冠谐函数描述的地球重力场是局部区域内的,它同全球区域的球谐函数存在差异,即在求解关于余纬的偏微分方程时,球谐分析中方程的本征值是整数,而球冠谐分析中的本征值是非整数。扰动位球冠谐展开形式可写为

$$T = \frac{GM}{r} \sum_{k=2}^{N} \sum_{m=0}^{k} \left(\frac{a}{r}\right)^n \left(C_k^m \cos m\lambda + S_k^m \sin m\lambda\right) \overline{P}_n^m(\cos\theta) \tag{4.5}$$

式中,n 为缔合勒让德函数的阶数,是非整数。规格化非整阶缔合勒让德函数 $\overline{P}_n^m(\theta)$ 的计算可通过超几何函数[93]计算,即

$$\overline{P}_n^m(\theta) = K_{nm} \sin^m \theta F\left(m-n, n+m+1, 1+m, \sin^2\frac{\theta}{2}\right) \tag{4.6}$$

式中,K_{nm} 为规格化因子;F 为超几何函数。它们的函数形式为

$$K_{nm} = \begin{cases} 0 & m=0 \\ \sqrt{\dfrac{2(2n+1)(n-m)!}{(n+m)!}} & m>0 \end{cases} \tag{4.7}$$

$$F(a,b;c;x) = \sum_{k=0}^{\infty} \frac{(a)_k(b)_k}{k!(c)_k} x^k, \quad |x|<1 \tag{4.8}$$

式中,$(a)_k$、$(b)_k$ 和 $(c)_k$ 的递推公式为 $(a)_0=1$、$(a)_1=a$ 和 $(a)_k=(a+k-1)(a)_{k-1}$。

式(4.6)计算烦琐,特别是非整数阶乘计算给实现带来麻烦。规格化非整阶缔合勒让德函数的递推公式为

$$\overline{P}_n^m(\theta) = \sum_{j=0}^{J_{max}} A_j(n,m) \left(\frac{1-\cos\theta}{2}\right)^j \tag{4.9}$$

式中,J_{max} 为级数最高阶。$A_j(n,m)$ 计算公式为

$$A_0(n,m) = K_{nm} \sin^m \theta \tag{4.10}$$

$$A_j(n,m) = \frac{(j+m-1)(j+m) - n(n+1)}{j(j+m)} A_{j-1}(n,m) \quad (j>0) \tag{4.11}$$

利用计算阶乘的 Stirling 公式,规格化因子 K_{nm} 的近似计算公式为

$$K_{nm} = \begin{cases} 0 & m=0 \\ \dfrac{2^{-m}}{\sqrt{m\pi}} \left(\dfrac{n+m}{n-m}\right)^{\frac{n}{2}+\frac{1}{4}} p^{\frac{m}{2}} \exp(e_1+e_2) & m>0 \end{cases} \tag{4.12}$$

式中，$p = \left(\dfrac{n}{m}\right)^2 - 1$，$e_1 = -\dfrac{1}{12m}\left(1 + \dfrac{1}{p}\right)$，$e_2 = \dfrac{1}{360m^3}\left(1 + \dfrac{3}{p^2} + \dfrac{4}{p^3}\right)$。

球冠半径为 $35°$，$m = 0$ 和 $m = 1$ 的缔合勒让德函数及其一阶导如图 4.1 和图 4.2 所示。从图中可以看出，随着 n 值的增加，缔合勒让德函数非常不稳定，这决定了适合球冠谐展开的缔合勒让德函数的零根值是有限的。

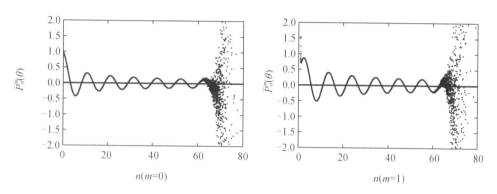

图 4.1　缔合勒让德函数值

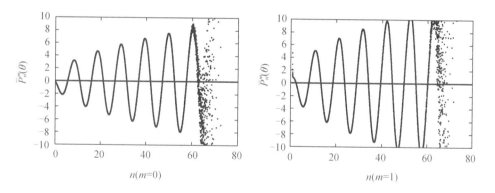

图 4.2　一阶导缔合勒让德函数

球冠谐最大指数 k 和球谐函数最大阶数 $N_{\max}$ 的关系为

$$N_{\max} = \frac{\pi}{2\theta_0}(k + 0.5) - 0.5 \tag{4.13}$$

4.2　Muller　方　法

式(4.3)和式(4.4)的零根值问题,可以用 Muller 方法[94]计算获取。Muller 方法属于广义割线求零根值方法,已知函数 $f(x)$,并计算出三个点值,即(p_0,f_0)、(p_1,f_1)和(p_2,f_2),通过这三个点可以确定一个抛物线,如图4.3所示。假设 p_2 作为最接近零根值的点,引入新变量

$$t = x - p_2 \tag{4.14}$$

则两个已知点新变量为

$$\begin{cases} h_0 = p_0 - p_2 \\ h_1 = p_1 - p_2 \end{cases} \tag{4.15}$$

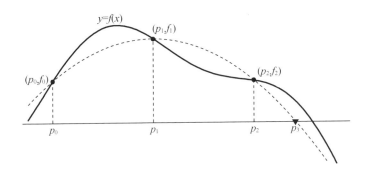

图4.3　Muller 方法计算零根值示意图

新变量下的二次抛物线函数为

$$y = at^2 + bt + c \tag{4.16}$$

式中,a、b、c 为待定参数。将三个点坐标代入,并解方程得

$$\begin{cases} a = \dfrac{e_0 h_1 - e_1 h_0}{h_1 h_0 (h_0 - h_1)^2} \\[3mm] b = \dfrac{e_1 h_0^2 - e_0 h_1^2}{h_1 h_0 (h_0 - h_1)} \\[3mm] c = f_2 \end{cases} \tag{4.17}$$

式中, $e_0 = f_0 - f_2$, $e_1 = f_1 - f_2$。抛物线零根值为

$$t = \frac{-2c}{b \pm \sqrt{b^2 - 4ac}} \tag{4.18}$$

由于我们所求值距离 p_2 较近,故选取绝对值较小的零根值:

$$\begin{cases} t = \dfrac{-2c}{b + \sqrt{b^2 - 4ac}} & b \geqslant 0 \\[3mm] t = \dfrac{-2c}{b - \sqrt{b^2 - 4ac}} & b < 0 \end{cases} \tag{4.19}$$

得到新的坐标点

$$p_3 = p_2 + t \tag{4.20}$$

将 p_3 代入函数 $f(x)$ 中,若满足要求,即为所求根值;若不满足要求,则将 p_3 作为新的 p_2 值,利用 (p_0, f_0)、(p_1, f_1) 和新的 (p_2, f_2) 点继续通过抛物线计算零根值,直至满足要求。

用 Muller 方法计算正则化缔合勒让德函数的非整阶函数表见表4.1 至表4.3。

4.3 球冠谐映射方法

前面系统地研究了用球冠谐展开表达局部重力场的方法,为精确描述局部重力场的高阶频谱提供了理论基础。但该理论需要按边界条件反求非整阶勒让德函数的阶数,计算量非常大,不便于实际应用。因此,本书将采用 ASHA 技术,在保持相当精度的前提下,对球冠谐函数作必要的改进,以简化运算,提高球冠谐分析在局部重力场研究中的实际应用效果。其主要思想是把余纬 θ 的定义域 $(0, \theta_0)$ 映射到 $\left(0, \dfrac{\pi}{2}\right)$,以便用普通勒让德函数代替非整阶勒让德函数,从而达到简化运算的目的。下面将从理论上简述如何把扰动场元从半角为 θ_0 的球冠坐标系 (r, θ, λ) 转化到半角为 $\dfrac{\pi}{2}$ 的球冠球坐标系 (r', θ', λ') 中去。

表 4.1 非整阶函数表 1

k						m				
	0	1	2	3	4	5	6	7	8	9
1	3.419 629	2.636 043								
2	5.793 046	5.792 160	4.687 749							
3	8.531 479	8.262 729	7.983 111	6.646 511						
4	10.995 720	10.995 611	10.553 699	10.088 301	8.561 697					
5	13.663 074	13.495 593	13.325 515	12.750 571	12.140 109	10.450 423				
6	16.161 745	16.161 670	15.870 311	15.572 555	14.887 052	14.155 441	12.321 160			
7	18.800 545	18.678 525	18.555 457	18.163 865	17.761 931	16.980 728	16.143 790	14.178 632		
8	21.316 924	21.316 851	21.097 887	20.876 231	20.399 443	19.908 394	19.042 031	18.111 103	16.025 882	
9	23.940 312	23.844 195	23.747 567	23.447 365	23.142 527	22.590 917	22.021 375	21.077 766	20.061 497	17.864 974
10	26.467 361	26.467 367	26.291 529	26.114 313	25.743 542	25.366 212	24.747 474	24.107 366	23.092 707	21.997 916
11	29.081 126	29.001 850	28.922 256	28.677 822	28.430 951	27.997 409	27.555 488	26.875 470	26.170 896	25.090 304
12	31.615 447	31.615 432	31.468 411	31.320 560	31.015 564	30.707 004	30.216 646	29.716 085	28.979 830	28.215 563
13	34.222 474	34.155 038	34.087 384	33.880 927	33.672 989	33.313 569	32.949 411	32.406 883	31.852 464	31.063 373
14	36.762 046	36.761 994	36.635 641	36.508 746	36.249 108	35.987 274	35.578 145	35.163 177	34.572 383	33.968 009
15	39.364 262	39.305 541	39.246 640	39.067 813	38.888 016	38.580 081	38.269 211	37.814 233	37.352 328	36.716 482
16	41.907 737	41.907 712	41.796 856	41.685 606	41.459 314	41.231 571	40.879 264	40.523 278	40.025 640	39.520 022
17	44.506 291	44.454 282	44.402 173	44.244 325	44.085 788	43.816 043	43.544 336	43.150 883	42.753 016	42.215 400
18	47.052 799	47.052 806	46.954 047	46.855 035	46.654 306	46.452 525	46.142 606	45.830 207	45.398 306	44.961 283

表 4.1（续）

k	m									
	0	1	2	3	4	5	6	7	8	9
19	49.648 698	49.601 809	49.555 169	49.413 768	49.272 081	49.031 788	48.790 118	48.442 681	48.092 337	47.624 357
20	52.197 497	52.197 792	52.107 740	52.019 249	51.838 780	51.657 442	51.380 555	51.101 823	50.719 270	50.333 310
21	54.789 617	54.750 715	54.706 609	54.576 439	54.449 063	54.233 041	54.015 462	53.704 312	53.390 641	52.974 970
22	57.318 445	57.331 818	57.268 115	57.183 118	57.012 526	56.850 087	56.600 283	56.349 900	56.004 600	55.658 520
23	60.017 333	59.855 285	59.839 413	59.776 381	59.656 023	59.424 284	59.215 787	58.947 250	58.661 689	58.284 625
24	63.558 013	62.992 167	62.210 087	62.182 308	62.355 427	62.114 756	61.739 734	61.540 851	61.258 943	60.947 779

表 4.2 非整阶函数表 2

k	m									
	10	11	12	13	14	15	16	17	18	19
10	19.697 348									
11	23.922 535	21.524 084								
12	27.073 173	25.837 087	23.345 993							
13	30.243 921	29.043 341	27.742 870	25.163 766						
14	33.129 569	32.258 082	31.002 411	29.640 952	26.977 872					
15	36.065 395	35.180 442	34.259 776	32.951 687	31.532 185	28.788 704				
16	38.841 785	38.146 823	37.217 937	36.250 409	34.892 249	33.417 320	30.596 752			
17	41.668 858	40.950 476	40.214 028	39.242 811	38.231 089	36.825 024	35.296 949	32.402 158		

表 4.2（续）

k	10	11	12	13	14	15	16	17	18	19
18	44.385 983	43.800 773	43.044 331	42.268 400	41.256 975	40.202 812	38.750 680	37.171 587	34.205 218	
19	47.150 482	46.539 426	45.917 563	45.124 835	44.311 238	43.261 298	42.166 405	40.669 888	39.041 677	36.006 148
20	49.831 170	49.322 448	48.677 435	48.020 686	47.193 244	46.343 596	45.256 660	44.122 575	42.583 270	40.907 608
21	52.555 354	52.020 723	51.478 890	50.801 505	50.111 380	49.250 633	48.366 380	47.244 003	46.072 000	44.491 209
22	55.211 610	54.760 044	54.194 482	53.621 191	52.912 752	52.190 752	51.297 915	50.380 398	49.223 538	48.015 077
23	57.908 444	57.430 894	56.948 907	56.354 176	55.750 604	55.012 315	54.259 642	53.335 901	52.386 277	51.195 828
24	60.546 462	60.140 623	59.634 132	59.123 699	58.500 720	57.868 086	57.101 159	56.318 911	55.365 300	54.384 651

m

表 4.3 非整阶函数表 3

k	20	21	22	23	24
20	39.602 254				37.805 067
21	44.628 234	41.397 869			42.769 682
22	48.292 526	46.483 495	43.191 787		46.394 146
23	51.884 230	50.186 561	48.335 694	44.984 370	49.952 348
24					53.161 899

m

球冠谐映射方法需要将原坐标系转换到新坐标系,即

$$\begin{cases} r' = r \\ \lambda' = \lambda \\ \theta' = s\theta \end{cases} \tag{4.21}$$

式中,$s = \dfrac{\pi}{2\theta_0}$。与上述坐标系转化相对应,扰动位在水平方向的派生量的大小也要发生变化,但扰动位在径方向的派生量的大小将保持不变。扰动引力计算的派生量计算公式为

$$\begin{cases} T_r = T'_r \\ T_\theta = sT'_\theta \\ T_\lambda = \sin\theta' T'_\lambda / \sin\theta \end{cases} \tag{4.22}$$

为寻求非整阶数值计算方法,具体转化方法还是从如下勒让德方程入手:

$$\frac{1}{\sin\theta} \cdot \frac{\mathrm{d}}{\mathrm{d}\theta}\left(\sin\theta \frac{\mathrm{d}P}{\mathrm{d}\theta}\right) + \left[l(l+1) - \frac{m^2}{\sin^2\theta}\right]P = 0 \tag{4.23}$$

式中,P 是方程的解,即勒让德函数 $P_n^m(\theta)$;l 为整阶实数值。

如果球冠半角不太大,可以认为 $\sin\theta \approx \theta$(这种近似在 $\theta_0 \le 14°$ 时近似程度优于99%,在 $\theta_0 \le 20°$ 时近似程度达到98%),所以式(4.23)可变化为

$$\frac{1}{\theta} \cdot \frac{\mathrm{d}}{\mathrm{d}\theta}\left(\theta \frac{\mathrm{d}P}{\mathrm{d}\theta}\right) + \left[l(l+1) - \frac{m^2}{\theta^2}\right]P = 0 \tag{4.24}$$

即

$$\frac{\mathrm{d}^2 P}{\mathrm{d}\theta^2} + \frac{1}{\theta}\frac{\mathrm{d}P}{\mathrm{d}\theta} + \left[l(l+1) - \frac{m^2}{\theta^2}\right]P = 0 \tag{4.25}$$

式(4.25)是勒让德方程的近似形式,由(4.21)可得

$$\frac{\mathrm{d}\theta'}{\mathrm{d}\theta} = s$$

$$\frac{\mathrm{d}P(\theta)}{\mathrm{d}\theta} = s \cdot \frac{\mathrm{d}P(\theta')}{\mathrm{d}\theta'}$$

$$\frac{\mathrm{d}^2 P(\theta)}{\mathrm{d}\theta^2} = s^2 \cdot \frac{\mathrm{d}^2 P(\theta')}{\mathrm{d}\theta'^2} \tag{4.26}$$

将式(4.26)代入式(4.25),则有

$$\frac{\mathrm{d}^2 P}{\mathrm{d}\theta'^2} + \frac{1}{\theta'} \cdot \frac{\mathrm{d}P}{\mathrm{d}\theta'} + \left[l(l+1)/s^2 - \frac{m^2}{\theta'^2}\right]P = 0 \tag{4.27}$$

假设

$$\frac{k(k+1)=l(l+1)}{s^2} \tag{4.28}$$

则方程(4.27)同方程(4.25)完全类似。

由于θ'的取值范围是$\left(0,\dfrac{\pi}{2}\right)$,式(4.28)中的假设并非总是成立的,但我们有理由认为阶数和次数分别为k、m的勒让德函数仍然是方程(4.27)的解。本书定义$k=0,1,2,\cdots$,则l必须取实数,后面将以l_k代替l,l_k同k相关。由于式(4.28)是一个2次方程,其解为非负数,因此可以得出

$$l_k=\sqrt{s^2k(k+1)+0.25}-0.5 \tag{4.29}$$

由于式(4.29)是方程(4.23)解的近似值,存在一定的偏差,为了使式(4.29)和传统方法计算结果更接近,也可以引入纠错因子进行计算,当然这种方法使用起来也比较麻烦,需要借助传统方法进行计算。Haines给出了式(4.29)更简单的计算表达式,即

$$l_k\approx s(k+0.5)-0.5 \tag{4.30}$$

利用传统方法和以上两个近似公式计算球面半径为10°和15°时的非整阶数值分别如表4.4和表4.5所示。从表中可以看出,近似计算方法在整体上比较接近传统计算方法,特别是在数值较大时候,相对误差比较小,采用式(4.30)的效果更好。

表4.4　多种方法计算的非整阶数值1

k	传统方法	近似方法1		近似方法2	
		数值	相对误差/%	数值	相对误差/%
1	8.65	8.00	7.51	8.50	1.73
2	14.14	14.21	0.50	14.50	2.55
3	20.58	20.29	1.41	20.50	0.39
4	26.30	26.34	0.15	26.50	0.76
5	32.55	32.37	0.55	32.50	0.15
6	38.36	38.39	0.08	38.50	0.36
7	44.54	44.40	0.31	44.50	0.09
8	50.40	50.41	0.02	50.50	0.20
9	56.53	56.42	0.19	56.50	0.05
10	62.42	62.43	0.02	62.50	0.13

表4.5　多种方法计算的非整阶数值2

k	传统方法	近似方法 1		近似方法 2	
		数值	相对误差/%	数值	相对误差/%
1	13.22	12.24	7.41	13.00	1.66
2	21.46	21.55	0.42	22.00	2.52
3	31.13	30.68	1.45	31.00	0.42
4	39.70	39.75	0.13	40.00	0.76
5	49.08	48.80	0.57	49.00	0.16
6	57.79	57.83	0.07	58.00	0.36
7	67.06	66.85	0.31	67.00	0.09
8	75.84	75.87	0.04	76.00	0.21
9	85.05	84.88	0.20	85.00	0.06
10	93.87	93.89	0.02	94.00	0.14

以上两种方法有一个前提条件,就是假设在球冠半径一定的情况下非整阶不随勒让德函数的次数值的变化而变化,是一个固定值。实际上,利用数值解算方法解算的非整阶随次数值变化而变化,因此以上两种方法存在一定的缺陷。为检验近似计算方法的准确性,实验假设球冠半径为5°,利用传统方法进行近似计算,其结果如图4.4所示,图中主对角线以上区域数值均为0。从图4.4中可以看出,近似计算数值偏大,且随着阶次和次数的增加而增大。当次数为0时,逼近效果即为表4.4中所示内容,图中偏离值最大接近100,这是一个很大的偏离,达到粗差范围,为此需要增加一个修正量,修正这个偏差。

由于没有一个很好的理论依据,因此利用数值计算结果进行分析,近似计算数值的偏离值随次数的增加而增加。本书通过多次实验,借助公式（4.23）,将公式（4.28）的解修改如下:

$$l_k = \sqrt{s^2 k(k+1) + 0.25 - m \times m/\sin^2\theta_0} - 0.5 \qquad (4.31)$$

将式（4.31）同传统方法计算比较,得出的计算结果如图4.5所示,从图中可以看出,修正的近似计算同样有些偏大,但是相对于式（4.29）,修正公式的计算效果有了很大改进,不仅在低阶次上更接近真实值,在高阶次上,其最大偏离值已经由原来的100减小到30。对比前期的数值实验[77],可以发现,球冠半径越小,绝对误差越大,因此,在小区域范围进行计算,这个误差需要谨慎使用。

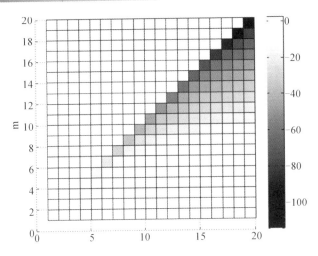

图 4.4　非整阶的近似计算误差

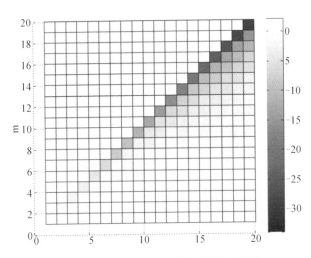

图 4.5　非整阶的近似计算误差修正效果

　　由于球谐函数是球冠谐函数的特殊形式,为此,本书设想将球冠半径映射为整个球体,此时计算非整阶缔合勒让德函数将变为计算整阶次缔合勒让德函数。需要说明的是,由于在角度 π 时,地球已经成为一个点,然而球冠边界的重力场信息并不是一个点,这在物理上是相悖的,我们所需要的是一个函数逼近的效果,因此可以将逼近球冠半径延长一点,在边界区域我们假设它们的物理性质是相同的。

　　球冠谐函数位模型,即式(4.5)可以计算区域重力场任一点的重力场元,在该重力场元的表达式中,包含一个体函数$(\frac{a}{r})^n$,傅里叶级数$\cos m\lambda$、$\sin m\lambda$ 和一个缔合勒让德函数$P_n^m(\cos\theta)$,其中最核心的计算就是缔合勒让德函数的计算。由第3章内容可知,球冠谐模型系数少,其计算速度更高。而采用球冠谐映射方法计算球冠谐重力场元时,具有速度优势,并且相对于球冠谐模型计算重力场元,其计算效率更具有优势。我们构建球冠谐模型时,需要根据球冠半径利用求零根值方法逐个计算出缔合勒让德函数的非整阶,这需要根据式(4.3)和式(4.4)或者式(4.9)计算大量的缔合勒让德函数,这本身就是一项比较烦琐的计算,同时计算出的非整阶需要用数组进行存储。而采用映射方法,只需要根据式(4.29)或者式(4.30)直接计算即可得出结果。

第5章 虚拟球谐逼近区域
大地水准面

　　随着 GNSS 技术的现代化,几何法的应用也越来越多[62]。当前 GNSS 水准拟合技术主要侧重于水准的布测和拟合方面的工作[63-65],偏重研究采用何种拟合内插方法获得最佳逼近大地水准面的效果,而对一些数学模型[66-69]的研究较少。另一方面尽管各种拟合方法对于小范围、简单地形比较有效,但对于面积较大、地形起伏较复杂的地区拟合精度低,这也是当前区域大地水准面构建的一个难点[70-71]。若实验区中已测点的数量足够多且分布较为均匀,就可根据实验区内这些已测点上的高程异常值构造某种曲面来逼近似大地水准面,其主要方法有多项式拟合法、薄板样条函数法、多面函数拟合法、BP 神经网络法等。这些方法目前研究较多,如前文所述,在大区域范围内的精度难以提高。针对以上问题,本章研究 GNSS 水准法在大区域范围内利用虚拟球谐理论重新构建区域大地水准面。

5.1　虚拟球谐构建区域大地水准面理论

　　利用球冠谐理论构建区域模型在早期就已得到应用,后来又有不少学者对这一领域进行了研究,构建了区域重力场模型,还构建了区域磁力场、电离层等,其主要是利用布隆公式与球冠谐展开式来建立模型。前文已经说明,由于球冠谐模型中非整阶缔合勒让德函数的限制,特别是对于球冠半径比较小,比如5°以下,其函数变化更为迅速,球冠谐模型很难达到高分辨率。如图 5.1 所示为球冠半径为 5°,$m=0,1,2,3$ 时的函数值,从图中可以看出,零根值的数量不多,基本能计算出 10 个左右。后来研究者对球冠谐模型方法进行了改进,如 Haiss 利用逼近方法改进了计算方法[73-75],但是仍然有较大误差影响。现在利用球冠谐模型逼近区域大地水准面可以达到厘米级的逼近精度[76-80],但是随着区域的扩大及地形复杂化,球冠谐模型依然面临阶次扩展限制的难题。为了克服这一限制,本书借用球冠谐映射方法的思想,将球冠坐标系进行变换,然后采用整阶次缔合勒让德函数进行计算[72,81]。

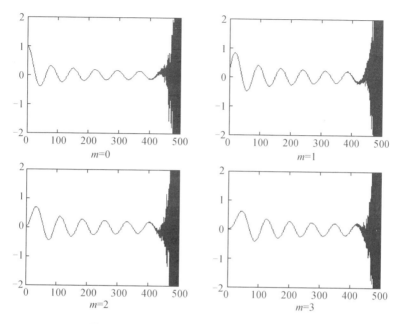

图5.1 缔合勒让德函数值(球冠半径为5°)

当逼近区域确定后,根据球冠谐理论设计模型参数:球冠半径和球冠中心,借用球冠谐映射技术思路,在保持相当精度的前提下,对球冠谐函数做必要的改进,即虚拟球谐函数。其主要思想是把余纬 θ 的定义域$(0,\theta_0)$映射到$(0,\pi)$上,用整阶次缔合勒让德函数代替非整阶缔合勒让德函数。虚拟球谐方法需要将原坐标系转换到新坐标系中,即

$$\begin{cases} r' = r \\ \lambda' = \lambda \\ \theta' = s\theta \end{cases} \tag{5.1}$$

式中,$s = \dfrac{\pi}{\theta_0}$。从布隆公式中可以看出,大地水准面同扰动位的函数形态保持一致,因此不需要做变换。

由于球冠谐在两极点的奇异性,为保持一致,增加虚拟边界,即在球冠边界外增加一足够宽度的过渡带(图5.2)。为保证扩展到新极点时的一致性,虚拟边界上的大地水准面是等值的。利用大地水准面精细结构信息推算过渡带宽度,并利

用这些信息配置相应分辨率的观测值。

图 5.2　虚拟球谐理论边界

5.2　新模型的构建与观测方程解算

5.2.1　模型构建方法

虚拟球谐借用球冠谐映射方法思想,将球冠坐标系进行变换,然后采用整阶次缔合勒让德函数进行计算,球冠谐映射方法需要将原坐标系转换到新坐标系中。

扰动引力计算的派生量计算公式为

$$
\begin{cases}
T_y = T' \\
T_\theta = sT'_\theta \\
T_\lambda = \sin \theta' T'_\lambda / \sin \theta
\end{cases}
\tag{5.2}
$$

利用非整阶数值的计算方法可得勒让德方程解为

$$
\frac{1}{\sin \theta} \frac{\mathrm{d}}{\mathrm{d}\theta}(\sin \theta \frac{\mathrm{d}p}{\mathrm{d}\theta}) + \left[l(l+1) - \frac{m^2}{\sin^2 \theta} \right]p = 0
\tag{5.3}
$$

式(5.3)中的 p 是方程的解,即勒让德函数 $P_n^m(\theta)$ 。

$$\frac{1}{\theta}\frac{\mathrm{d}}{\mathrm{d}\theta}\left(\theta\frac{\mathrm{d}p}{\mathrm{d}\theta}\right) + \left[\, l(l+1) - \frac{m^2}{\theta^2}\right]p = 0 \tag{5.4}$$

即

$$\frac{\mathrm{d}^2 p}{\mathrm{d}\theta^2} + \frac{1}{\theta}\frac{\mathrm{d}p}{\mathrm{d}\theta} + \left[\, l(l+1) - \frac{m^2}{\theta^2}\right]p = 0 \tag{5.5}$$

上式方程是勒让德方程的近似形式,由式(5.1)可得

$$\begin{cases} \dfrac{\mathrm{d}\theta'}{\mathrm{d}\theta} = s \\[2mm] \dfrac{\mathrm{d}P(\theta)}{\mathrm{d}\theta} = s\dfrac{\mathrm{d}P(\theta')}{\mathrm{d}\theta'} \\[2mm] \dfrac{\mathrm{d}^2 P(\theta)}{\mathrm{d}\theta^2} = s^2\dfrac{\mathrm{d}^2 P(\theta')}{\mathrm{d}\theta'^2} \end{cases} \tag{5.6}$$

将式(5.6)代入式(5.5),则

$$\frac{\mathrm{d}^2 p}{\mathrm{d}\theta'^2} + \frac{1}{\theta}\frac{\mathrm{d}p}{\mathrm{d}\theta'} + \left[\, l(l+1)/s^2 - \frac{m^2}{\theta'^2}\right]p = 0 \tag{5.7}$$

假设

$$k(k+1) = l(l+1)/s^2 \tag{5.8}$$

则式(5.7)与式(5.5)计算结果是相似的。

由于计算得到的解是一个近似值,存在着一定的偏差,为了使计算结果和传统方法相比较精度更高,可以引入纠错因子参与计算[82]。Haines 给出了简单的计算表达式:

$$l_k = s(k+0.5) - 0.5 \tag{5.9}$$

可以采用传统方法和以上两个近似公式构建模型,计算球面半径内的大地水准面。

采用虚拟球谐理论构建区域大地水准面的基本流程如图5.3所示。

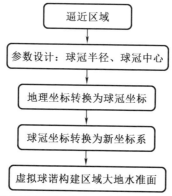

图5.3 虚拟球谐理论构建区域大地水准面基本流程

5.2.2　坡度计算

对于虚拟过渡带的选择,可以利用大地水准面的精细结构分析来确定[21]。本书是利用坡度方法计算大地水准面起伏变化,由于采用八方位法进行计算,因此计算结果有 8 个数值,为显示大地水准面的最大变化,其数值结果取最大值。最大坡度计算公式为

$$u = \max(nn - mm), \begin{cases} nn(i,j) = \dfrac{100 \times t_1}{110} \\ mm(i,j) = \dfrac{100 \times t_2}{110} \end{cases} \qquad (5.10)$$

式中参数可参考本书第 7 章式(7.1)和式(7.2)。

根据对上述各区大地水准面结构变化的分析,发现不同区域大地水准面起伏变化随区域不同而异,其分布也存在差异性,因此要构建高精度区域(似)大地水准面需要因地制宜。通过高精度 GNSS 水准测量得到一定分辨率(假设为 x 千米)的区域高程异常数据,通过内插或者拟合方法可以得到该区域内任意一点的高程精度区域(似)大地水准面起伏变化函数关系式为

$$\sigma = kxu \qquad (5.11)$$

式中,k 为比例系数,是由内插或者拟合算法的逼近效果决定的,在构建区域(似)大地水准面模型时可以通过统计分析的方法得到。此时,如果要构建厘米级区域(似)大地水准面,则通过式(5.11)可以计算出构建区域(似)大地水准面的基础数据分辨率,即

$$x = \frac{\sigma}{ku} \qquad (5.12)$$

假设 $k = 0.5$,要构建区域厘米级(似)大地水准面,根据前文数值实验结果,该区域内需要的基础数据分辨率约为 200 km/cm。

当前我国很多城市区域(似)大地水准面的构建不需要这么高的数据分辨率,主要是因为这些区域的地形相对简单,并且区域面积也比较小。而我国的省级区域(似)大地水准面很多是分米级的,这样对高程异常基础数据的要求相对大大减小。通过以上分析可以发现,要构建区域厘米级(似)大地水准面,在不考虑基础数据精度的情况下,需要的基础数据分辨率是很高的,一般情况下很难满足这么高的数据分辨率要求。根据式(5.12),可以通过两个途径解决这个问题:一种途径是采用更好的理论与方法来构建区域(似)大地水准面,即减小 k 值,假设能将 k 值减

小到0.1甚至更小,以现在的测绘能力是可以达到要求的;另一种途径是减小 u 值,区域(似)大地水准面是客观存在的,由多种影响因素构成。

如图5.4所示,以 EGM2008 模型使用坡度计算,得出江西省区域内大地水准面每千米起伏变化最大接近 9 cm。结合相关资料,江西省大地水准面数值起伏达到 18 m,假设取高度平均值,其虚拟边界距离公式为

$$Vd = 0.5 \times dN/u \qquad\qquad (5.13)$$

式中, Vd 为虚拟边界距离; dN 为构建大地水准面的最高点和最低点的差值。

根据式(5.13),计算得知江西省虚拟边界可选择大于 100 km,具体长度还需要利用数值实验继续优化。

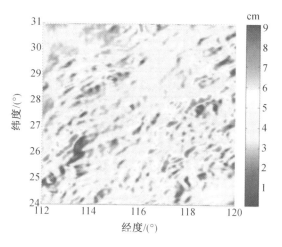

图5.4　江西省大地水准面每千米起伏变化

5.2.3　观测方程解算

构建区域大地水准面采用最小二乘原理解算观测方程。为改善观测方程的状态性能,首先分析球冠谐理论中三角函数和缔合勒让德函数的数值特征,通过观测值的位置分布分析观测方程的病态性能,然后通过优化位置分布改进其病态状况,最后借助 GPU 的并行计算功能,利用数据处理解算观测方程。

通过坐标转换可以实现地理坐标同球冠坐标系之间的联系,构建模型系数:

$$\boldsymbol{B} = GM \begin{bmatrix} B_{11} & B_{12} & \cdots & B_{1M} \\ B_{21} & B_{22} & \cdots & B_{2M} \\ \vdots & \vdots & & \vdots \\ B_{N1} & B_{N2} & \cdots & B_{NM} \end{bmatrix} \quad (5.14)$$

式中,矩阵第 1 个下标表示观测值顺序,第 2 个下标表示模型参数顺序。通过观测方程利用最小二乘原理计算球冠谐系数模型,具体流程如图 5.5 所示。

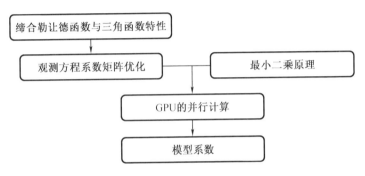

图 5.5　虚拟球谐模型观测方程解算流程

5.3　虚拟球谐构建区域大地水准面数值实验

如图 5.6 所示,本书以江西省作为实验对象,搜集和联测了 GNSS 和精密水准的观测点资料,并对这些数据进行模块化处理。由 GNSS 数据可以获取观测点的大地高,由精密水准可以得到观测点的正常高,用大地高减去正常高,可得到该点的高程异常。高程异常是似大地水准面椭球高,由于大地水准面和似大地水准面在曲面特性上有很多相似之处,结合 GNSS 水准数据,以似大地水准面代替大地水准面作为数值实验对象。

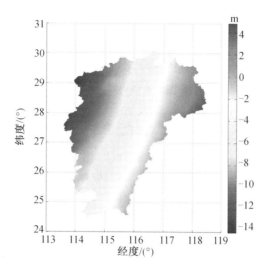

图5.6 江西省区域大地水准面(EGM2008)

用高程异常数据作为球冠谐模型的观测值,对于缺少数据的偏僻区域,特别是地形复杂区域,采用重力场模型计算的结果作为补充。逼近区域的观测数据空间分辨率要小于 10 km,虚拟扩展带区的数据分辨率也以此为基准。利用这些观测数据构建观测方程,解算参数后可以得到该区域似大地水准面的球冠谐模型。

数值实验整体流程如图5.7所示。

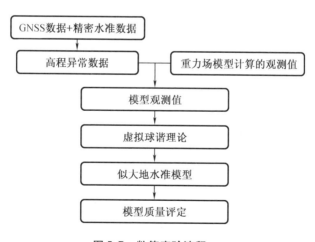

图5.7 数值实验流程

为分析构建的区域大地水准面模型的逼近效果,主要从以下几个方面展开:

(1)利用方程残差统计理论分析模型整体逼近精度;

(2)通过选取部分观测点分析模型逼近误差分布规律;

(3)从分辨率、逼近区域大小和运算速度三方面综合评定模型的实用性。

球冠谐的最高阶次受到限制,是因为非整阶次缔合勒让德函数在高阶次时出现不稳定,可通过虚拟球谐理论实现利用整阶次缔合勒让德函数代替非整阶次计算。

虚拟球谐模型构建大地水准面需要一定的虚拟观测值数据,其数据量为

$$L = C_{nn} + S_{nn} \tag{5.15}$$

式中,L 为所需要的虚拟观测值点数;C_{nn} 和 S_{nn} 为正规化的球谐系数;n 为阶次。

当 $n = 1$ 时:

$$L = C_{00} + C_{10} + C_{11} + S_{00} + S_{10} + S_{11} = 6 \tag{5.16}$$

当 $n = 2$ 时:

$$L = C_{00} + C_{10} + C_{20} + C_{11} + C_{21} + C_{22} + S_{00} + S_{10} + S_{20} + S_{11} + S_{21} + S_{22} = 12 \tag{5.17}$$

可知虚拟观测值点数可化简为

$$L = (n+1)(n+2) \tag{5.18}$$

前期实验选择了部分区域,若使用60阶次虚拟球谐模型至少需要3 782个虚拟观测值,于是本书采用EGM2008模拟观测数据(等同于球冠谐22阶次),利用虚拟球谐模型(60阶次)构建大地水准面。

本书选择不同的区域地形,分别为平原、山地及高原地区。4个实验区的区域半径为1.5°、3°、5°和15°的区域大地水准面,图5.8、图5.9、图5.10、图5.11分别为实验区域、江西省区域、云南省区域、青藏高原区域的大地水准面。从图中我们可以看到最低的起伏值小于10 m,最高的起伏值小于45 m,并且区域越小,大地水准面的波动越小。

利用虚拟球谐模型(60阶次,虚拟宽度带设为1.5°、3°、5°和15°)构建的区域大地水准面模型的逼近误差如图5.12、图5.13、图5.14、图5.15所示。从实验结果来看,虚拟球谐理论比球冠谐理论具有明显优势,在同等精度下其逼近精度可达毫米级。

从分布上来看,4个区域的极大值误差在整个区域内都是均匀分布的,一方面说明表面区域内的大地水准面的结构复杂度变化比较均匀,另一方面说明要构建高精度的区域大地水准面需要的基础数据也是需要均匀分布的。

　　逼近区域利用虚拟球谐模型(60 阶次,虚拟宽度带设为 3°,虚拟边界值 100 km)构建的区域大地水准面模型的精度很高,已完全逼近模拟的观测数据,且相对于球冠谐构建大地水准面计算精度更高,运算速度更快。

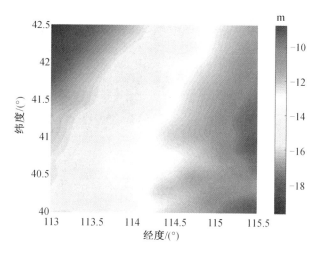

图5.8　实验区域大地水准面

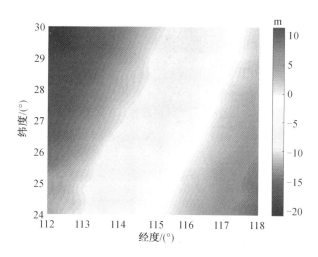

图5.9　江西省区域大地水准面

57

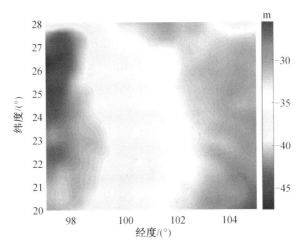

图 5.10　云南省区域大地水准面

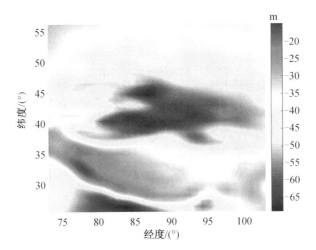

图 5.11　青藏高原区域大地水准面

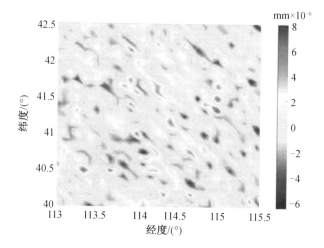

图 5.12 虚拟球谐模型构建的实验区域大地水准面模型的逼近误差

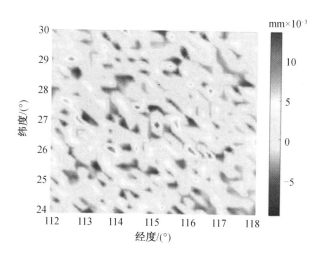

图 5.13 虚拟球谐模型构建的江西省区域大地水准面模型的逼近误差

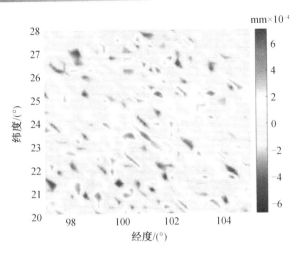

图 5.14 虚拟球谐模型构建的云南省区域大地水准面模型的逼近误差

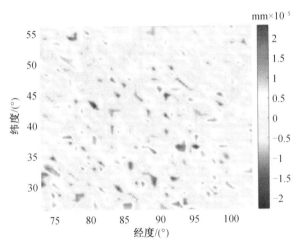

图 5.15 虚拟球谐模型构建的青藏高原区域大地水准面模型的逼近误差

第 6 章　地理因素对构建高程基准的影响

根据引力位公式和布鲁斯公式可知,大地水准面与长源深度两者呈现一种反比关系,大地水准面频谱中占主要部分的是大尺度的深部异常信息。假设采用低阶地球重力场模型构建区域大地水准面,其所占比例达到80%。地球所含的陆地地形、海洋、湖泊及冰川等信息对地球科学都有很高的应用价值。在精化大地水准面时,许多研究将地形数据与重力场模型结合,通过拟合内插完成对区域大地水准面精化的研究。

精化重力场模型的地形影响已经成为国内外提高重力场模型面临的重要研究方向,而确定厘米级大地水准面对地形影响处理技术提出了更高的要求。高精度的地形数据能够反映地球重力场的短波信号,结合地形数据或地形模型可提高大地水准面的精度。地形对确定大地水准面的影响主要包括地形数据的精度、分辨率、地形改正方法与模型的选择,以及地壳密度存在分布不均所引起的误差。此外,还包括海洋、湖泊、冰川、基岩等地理因素的影响。研究这些地理因素对构建高程基准的影响,能够为精化区域大地水准面提供一种新的思路,即在构建某区域大地水准面时,根据该区域所具有的地理因素考虑是否需要顾及其影响。

6.1　Earth2014　模　型

Earth2014 模型中收集了南极洲的基岩和冰川数据 Bedmap3、格陵兰岛的基岩地形数据 GBT V3、海洋及主要内陆湖泊和北纬高纬度陆地(格陵兰岛除外)的水深测量数据 SRTM30_PLUS V9,以及在大陆/岛屿上的地形数据 SRTM V4.1。重力势已由 Earth2014 地形数据库所代表的体积质量层的光谱整合进行了正向建模,每一层(地壳、海洋、冰、湖泊)及其组合效应的势模型可以明确地作为一系列球面地形势(STP)和椭圆体地形势(ETP)的球面调和系数。椭球体主要提供了阶次为 2 190

的地形模型,包括 dV_ELL_ICE2014、dV_ELL_LAKES2014、dV_ELL_OCEAN2014、dV_ELL_CRUST2014、dV_ELL_RET2014;球体上主要提供 2 160 阶次的地形模型,包括 dV_SPH_ICE2014、dV_SPH_LAKES2014、dV_SPH_OCEAN2014、dV_SPH_CRUST2014、dV_SPH_RET2014。以上数据可以通过 http://ddfe.curtin.edu.au/models/Earth2014/potential_model/获取。

Earth2014 模型数据及代表因素如表 6.1 所示。

表 6.1 **Earth2014 模型数据及代表因素**

模型数据	表示	地理因素
SUR	地球表面地形	冰盖、地形
BED	地球基岩	基岩
TBI	基岩、冰和地形	基岩、冰盖、地形
RET	岩石等效地形	基岩、冰盖、水团、地形
ICE	冰川	冰盖

用球谐模型计算区域大地水准面,其实质就是对位模型系数的求解过程。根据 Earth2014 模型提供的地形模型,从不同模型中提取位模型系数 C、S,将位模型系数带入球谐模型,通过计算得到 SUR、BED、ICE、RET、TBI 五种模型数据中所包含地理因素对大地水准面的影响情况。

6.2　地理因素对构建高程基准的影响

依据 Earth2014 模型提供的 SUR、BED、ICE、RET、TBI 模型数据,将地理因素划分为基岩、冰盖(冰川)、水团、地形四方面,选取具有地类特点的区域进行分析,分别探究地理因素在四种基本地形类型(高原、丘陵、平原、盆地)及冰原特殊地形类型下对高程基准的影响情况。

根据模型数据中所包含地理因素的不同,可以直接或间接求得相应地理因素对基准面的影响值。其中基岩影响可利用 BED 数据进行计算,水团的影响可利用 RET 与 TBI 的影响值进行差值求得,冰盖的影响可利用 ICE 数据进行计算得到,地形的影响情况则可以根据 SUR 与 ICE 所得结果进行求差得到。地理因素影响值计算数据见表6.2。

表6.2 地理因素影响值计算数据

地理因素	基岩	冰盖	水团	地形
数据来源	BED	ICE	RET、TBI	SUR、ICE

6.2.1 地理因素对高原地区的影响分析

青藏高原是平均海拔最高、面积最大的高原,也是地势相对高差低而海拔高的典型高原区域,其复杂的地形、巨大的地壳厚度及活跃的地质构造等,特别是青藏高原特殊的岩石圈结构和强烈的构造运动,成为国内外地学工作者研究的对象。随着地震层析成像、重力及人工地震深等技术的发展,青藏高原的研究也在不断深入。

青藏高原因地形的剧烈变化、岩石密度,以及地形质量分布不均匀造成该区域重力异常值偏大,采用EGM2008模型计算的大地水准面起伏范围在 -50~10 m。青藏高原海拔高且高出椭球之外的质量大,构建的区域大地水准面会出现相对较多的负值。青藏高原的冰川主要有喜马拉雅现代冰川、喀喇昆仑现代冰川、唐古山现代冰川等,占我国冰川的80%以上。因受自然环境限制,西部地区缺乏重力观测数据,部分区域成为我国重力数据的空白区,由此造成西部地区大地水准面精度较东部地区低,甚至低于全国平均精度。青藏高原的大地水准面受到地壳密度不同、分布不均及地形等影响呈现出由西向东递减的特征,如图6.1所示。

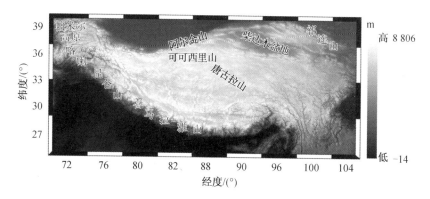

图6.1 青藏高原地形图

　　从 Earth2014 系列模型中提取 SUR、BED、ICE、RET、TBI 五种位模型系数,选定青藏高原地区经纬度范围,将其带入球谐模型中进行计算,球谐模型阶次分别设置为 180 阶、360 阶、720 阶、2 100 阶,得到各阶次下 SUR、RET、ICE、TBI 四大类影响因素对青藏高原地区的大地水准面影响情况,将解算的 2 100 阶次结果分别绘制成图 6.2 至图 6.5。

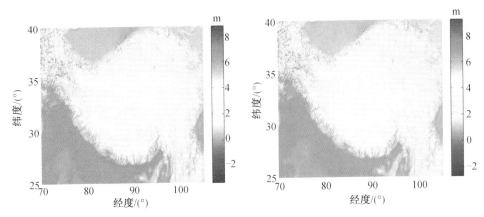

图 6.2 青藏高原地区位模型系数 **SUR** 影响情况　　**图 6.3** 青藏高原地区位模型系数 **RET** 影响情况

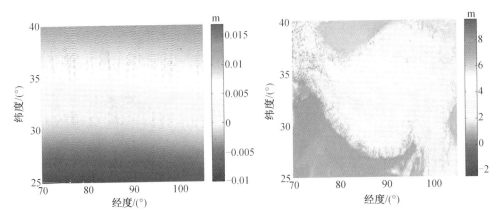

图 6.4 青藏高原地区位模型系数 **ICE** 影响情况　　**图 6.5** 青藏高原地区位模型系数 **TBI** 影响情况

　　由图 6.2 至图 6.5 可知,SUR、RET、TBI 的影响趋势与青藏高原地形起伏趋势一致,主要是受到所包含的数据影响,特别是所占比例较大的因素。如 SUR 中包含冰盖和地形影响数据,但因包含冰盖的影响所占比例较低,而地形所占比例较大,由此呈现出与青藏高原地形整体趋势一致,而 ICE 作为唯一一个不包含地形或基岩的数据,影响变化主要体现在纬度上。

利用球谐模型计算出的结果进行差值处理,可单独提取出各项地理因素对高程基准的影响值,将 2 100 阶次结果绘制成图 6.6 至图 6.9。

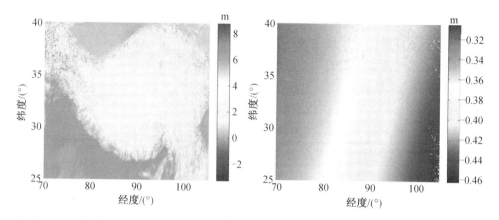

图 6.6　地理因素地形对青藏高原地区的影响值

图 6.7　地理因素水团对青藏高原地区的影响值

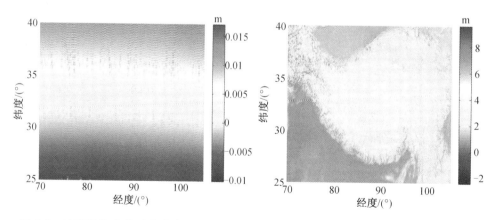

图 6.8　地理因素冰盖对青藏高原地区的影响值

图 6.9　地理因素基岩对青藏高原地区的影响值

由图 6.6 至图 6.9 可知,四种地理因素中基岩对该区域大地水准面的影响最为显著,整体上呈现出随着基岩的增多,大地水准面随之抬高;水团对该区域大地水准面的影响呈现出从西北向东南降低的趋势。结合青藏高原地区地理环境特点分析,青藏高原地区南面有青藏高原,阻断了从印度洋和太平洋带来的海洋风,西北面则是从大西洋长途跋涉而来的水汽,使得整个青藏高原地区以天山为分界线,呈现出西北多雨,东南少雨的现象,而且水团对大地水准面的影响也呈现出从西北向东南逐渐减小的趋势;青藏高原地区的冰盖对大地水准面的影响随着纬度的升高逐渐增强;地形对该区域大地水准面的影响也很大,整体上显示出在地形冗起区域影响值高的特点。

通过对不同阶次位模型系数对大地水准面的影响进行求差,计算出四种地理因素对大地水准面影响值的最小值、最大值、均值、中误差及均方误差,以判断其影响大小,计算结果如表6.3所示。

表6.3 四种地理因素对青藏高原地区大地水准面的影响情况 （单位:m）

地理因素	阶次	180	360	720	2 100
地形	最小值	− 0.439 5	− 0.541 4	− 0.521 4	− 3.244 5
	最大值	3.522 6	3.713 1	4.150 5	8.667 7
	均值	1.575 4	1.575 6	1.575 7	1.575 9
	中误差	1.478 9	1.512 2	1.556 4	1.950 9
	均方误差	3.960 7	3.994 8	4.039 1	4.434 3
水团	最小值	− 0.468 5	− 0.470 9	− 0.463 0	− 0.461 5
	最大值	− 0.314 9	− 0.315 4	− 0.314 3	− 0.307 3
	均值	− 0.380 3	− 0.380 4	− 0.380 4	− 0.380 4
	中误差	0.001 2	0.001 2	0.001 2	0.001 2
	均方误差	0.145 9	0.145 9	0.145 9	0.145 9
冰盖	最小值	− 0.009 9	− 0.009 9	− 0.010 2	− 0.010 2
	最大值	0.012 8	0.013 7	0.015 4	0.017 0
	均值	0.001 9	0.001 9	0.001 9	0.001 9
	中误差	0.000 0	0.000 0	0.000 0	0.000 0
	均方误差	0.000 0	0.000 0	0.000 0	0.000 0

表 6.3（续）

地理因素	阶次	180	360	720	2 100
基岩	最小值	0.488 3	0.519 1	0.335 7	−2.385 2
	最大值	4.419 7	4.611 1	5.156 2	9.522 2
	均值	2.556 6	2.556 9	2.556 9	2.557 1
	中误差	1.510 1	1.543 3	1.587 5	1.981 8
	均方误差	8.046 2	8.080 9	8.125 3	8.520 7

由表 6.3 可知,四种地理因素在青藏高原地区对大地水准面的影响计算值,随着球谐函数阶次的展开呈现出逐渐增强的情形。在青藏高原地区基岩对大地水准面的影响值最大达到了约 9.52 m,在整个区域范围内对大地水准面的影响为约 2.56 m;该地区虽然冰盖相对较为丰富,但其对大地水准面的影响平均约为 0.002 m;由于该地地势起伏较大,地形对大地水准面的影响达到了约 1.58 m;水团对大地水准面的影响平均约为 −0.38 m。

6.2.2　地理因素对丘陵地区的影响分析

相对于高原地区,采用不同方法拟合丘陵区域的大地水准面的精度要优于高原区域:一是丘陵地区的海拔较低,其绝对高度在 500 m 以内,相对高度也不会超过 200 m;二是丘陵地区一般由各种岩类组合而成,其坡度一般较缓,表面形态也较为和缓,不会呈现出巨大的地势差异。

东南丘陵区域是我国三大丘陵之首,它是中国地形地貌中分布最广、最密集、土地面积最大的丘陵,地处北纬 20°～30°,东经 110°～120°,以中亚热带和南亚热带气候为主,主要包括两广丘陵、江南丘陵、浙闽丘陵及江淮丘陵。东南丘陵地形图如图 6.10 所示。

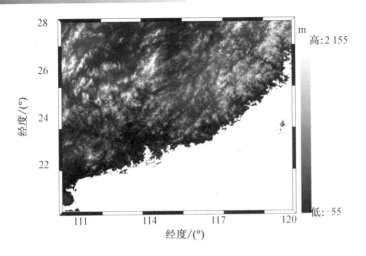

图 6.10　东南丘陵地形图

选定东南丘陵地区经度和纬度范围,将五种位模型系数带入球谐模型中进行计算,球谐模型阶次分别设置为 180 阶、360 阶、720 阶、2 100 阶,得到各阶次下 SUR、RET、ICE、TBI 四个影响因素对东南丘陵地区的高程基准面影响情况,将 2 100 阶次解算结果绘制成图 6.11 至图 6.14。

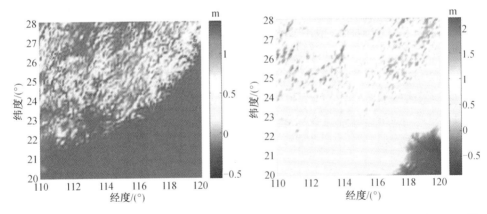

图 6.11　东南丘陵地区位模型系数 SUR 影响情况

图 6.12　东南丘陵地区位模型系数 RET 影响情况

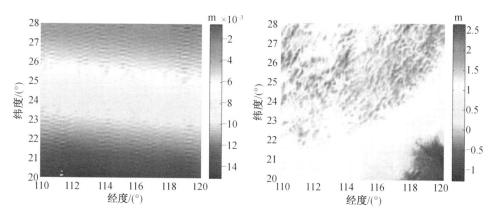

图 6.13 东南丘陵地区位模型系数 ICE 影响情况

图 6.14 东南丘陵地区位模型系数 TBI 影响情况

由图 6.11 至图 6.14 可知,ICE 对东南丘陵地区的影响与对青藏高原区域的影响趋势一致,其他位模型影响趋势与图 6.10 地形图趋势大致相同,影响的最大值集中分布在地形较高的区域。利用 SUR 与 ICE 作差值计算可以求出地形对该区域大地水准面的影响值,用 RET 与 TBI 作差值计算,可得到水团对该区域大地水准面的影响值,冰盖与基岩的影响情况可直接通过将 ICE 与 BED 位模型系数带入球谐模型中进行计算。将球谐函数 2 100 阶次时的计算结果求差后绘制成图 6.15 至图 6.18。

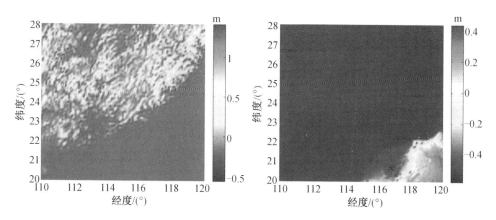

图 6.15 地理因素地形对东南丘陵地区的影响值

图 6.16 地理因素水团对东南丘陵地区的影响值

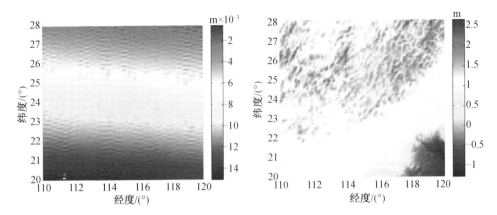

图 6.17 地理因素冰盖对东南丘陵地区的影响值   **图 6.18** 地理因素基岩对东南丘陵地区的影响值

  由图 6.15 至图 6.18 并结合东南丘陵所处位置与地质构造环境进行分析可知,丘陵地区以起伏缓和的各种岩类组成的坡面组合体为主要地理环境,基岩因素对该区域的大地水准面影响最大,基岩含有量自西北向东南方向阶梯递减,对大地水准面的影响也从 2.5 m 到台湾海峡的 0 m,最后到深入海域的 −1 m;水团对该区域的大地水准面影响位于第二位,在东南沿海地区水资源丰富,其影响值达到 0.4 m,在西北方向区域水体分布均匀,影响情况较为平均,基本在 −0.5 ~ −0.3 m;地形因素的影响位于第三位,东南丘陵主要由山岭、盆地及谷地三种地形镶嵌分布,地势越高对大地水准面的叠加效果就越大,因此在西北区域反映出来的影响值也是高低之间镶嵌分布,而在东南区域地势起伏较小的区域其影响值则表现为分布均匀;冰盖对该区域大地水准面的影响最小,在构建该区域大地水准面时可以忽略不计,但在整体上呈现拉低大地水准面的结果,随着纬度的变化而发生变化,对大地水准面影响值最大不超 0.015 m。

  通过计算和统计全区域各地理因素对大地水准面的影响值情况,分别求出不同阶次下的最小值、最大值、均值、中误差及均方误差,判断其具体影响大小,计算结果如表 6.4 所示。

表 6.4　四种地理因素对东南丘陵大地水准面的影响情况 （单位：m）

地理因素	阶次	180	360	720	2 100
地形	最小值	− 0.344 4	− 0.320 5	− 0.291 0	− 0.569 6
	最大值	0.330 9	0.521 8	0.742 0	1.408 1
	均值	− 0.052 2	− 0.049 8	− 0.049 3	− 0.049 8
	中误差	0.021 0	0.024 3	0.029 3	0.051 7
	均方误差	0.023 8	0.026 8	0.031 7	0.054 2
水团	最小值	− 0.599 7	− 0.599 7	− 0.557 9	− 0.572 4
	最大值	0.419 1	0.419 1	0.427 5	0.432 1
	均值	− 0.455 4	− 0.455 4	− 0.455 7	− 0.455 8
	中误差	0.023 3	0.023 3	0.023 9	0.024 0
	均方误差	0.230 7	0.230 7	0.231 5	0.231 8
冰盖	最小值	− 0.015 4	− 0.015 1	− 0.015 0	− 0.015 1
	最大值	− 0.001 1	− 0.001 5	− 0.001 1	− 0.000 6
	均值	− 0.008 3	− 0.008 3	− 0.008 3	− 0.008 3
	中误差	0.000 0	0.000 0	0.000 0	0.000 0
	均方误差	0.000 1	0.000 1	0.000 1	0.000 1
基岩	最小值	− 1.235 4	− 1.447 4	− 1.257 6	− 1.281 9
	最大值	1.674 9	1.833 6	2.031 9	2.667 4
	均值	1.141 2	1.143 6	1.145 0	1.144 7
	中误差	0.204 9	0.215 0	0.215 7	0.238 9
	均方误差	1.507 3	1.522 8	1.526 6	1.549 3

由表 6.4 可知，当计算结果保留到毫米位时为准确计数，亚毫米位存在误差。通过计算可以发现，地形和水团对东南丘陵地区大地水准面的影响随着球谐函数阶次的展开总体呈现出逐渐加大且趋于稳定；地形对整个区域大地水准面的影响约为 − 0.05 m；水团的影响约为 − 0.46 m；冰盖的平均影响值约为 − 0.01 m；基岩对该地大地水准面的影响随着阶次的展开逐渐增大并趋于稳定，基岩对该区域大地水准面的影响约为 1.14 m。

6.2.3 地理因素对平原地区的影响分析

平原是地面平坦或起伏较小的一个较大区域,其主要分布在大江两岸和濒临海洋的地区。我国面积最大的平原是由三江平原、松嫩平原及辽河平原组成的东北平原,面积达到 $3.5 \times 10^5 \ km^2$,地跨黑龙江、吉林、辽宁及内蒙古四个省区,其四周为山麓洪水冲积平原和台地,海拔在 200 m 左右。受到地形地势的影响,平原区域的大地水准面优于山地高原区域,这与地壳内部结构也存在密不可分的联系,如大陆地区的地壳厚度一般为 35 km,西藏地区的地壳厚达到了 60.80 km,而东部平原则为 30 多千米。地球内部结构的复杂程度对大地水准面的拟合精度有着直接的影响。图 6.19 是我国东北平原地形图。

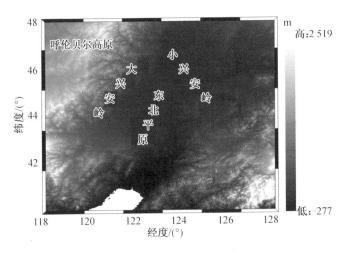

图 6.19 东北平原地形图

选定东北平原经度和纬度范围,将从 Earth2014 模型中提取出来的位模型系数带入球谐模型中进行计算,得到各种因素对东北平原大地水准面的影响,选取球谐模型计算 2 100 阶次所得结果绘制成图 6.20 至图 6.23。

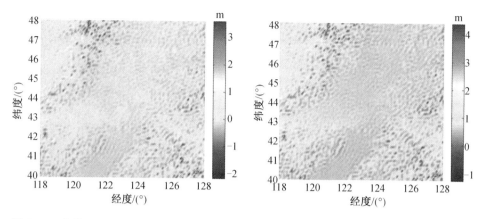

图 6.20 东北平原地区位模型系数 SUR 影响情况

图 6.21 东北平原地区位模型系数 RET 响情况

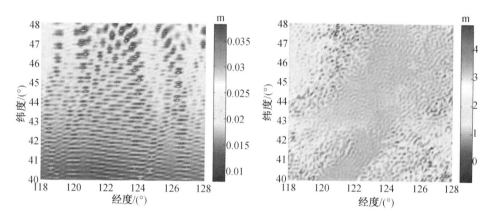

图 6.22 东北平原地区位模型系数 ICE 影响情况

图 6.23 东北平原地区位模型系数 TBI 响情况

　由图 6.20 至图 6.23 可知,SUR、RET、TBI 位模型系数对东北平原的影响趋势与该区域地形起伏一致,利用 SUR 与 ICE 进行差值计算,保留地形对大地水准面的影响,将 RET 与 TBI 之间进行差值,保留液态水对大地水准面的影响。通过以上方法最终求得地形、水团、冰盖及基岩对大地水准面的影响,所得结果绘制成图 6.24 至图 6.27。

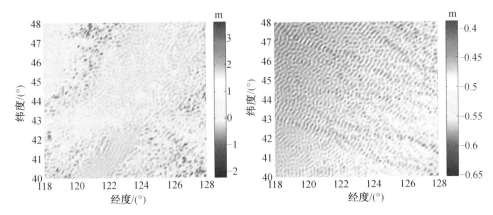

图 6.24 地理因素地形对东北平原地区的影响值

图 6.25 地理因素水团对东北平原地区的影响值

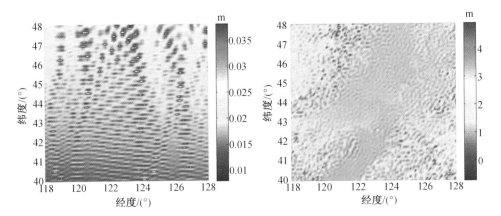

图 6.26 地理因素冰盖对东北平原地区的影响值

图 6.27 地理因素基岩对东北平原地区的影响值

由图 6.24 至图 6.27 结合东北平原所处位置与地质构造环境进行分析,基岩因素对该区域的大地水准面影响最大,东南方向处于长白山脉,西南方向处于燕山山脉,西北方向处于大兴安岭地区,因此在东南、西南及西北区域基岩的影响值相对较大,为 2.5 ~ 4.8 m,中间地带为小兴安岭、松嫩平原、辽河平原、三江平原等基岩层相对较薄地方,其影响值低于 1.5 m。东北平原地区年降水量 350 ~ 700 mm,由东南向西北递减,区域含水量也呈现出由东南向西北递减的趋势,但反映出来的对大地水准面的影响情况却与其他地区趋势相反,其原因可能是因为该地处于平原区,东南区域水平面较西北地区低。地形起伏主要由基岩的厚度层决定,因此整体上地形对大地水准面的影响趋势与基岩相似,影响程度低于基岩。冰盖在该区域呈现出随着纬度的升高,影响程度越来越大,相对于国内其他地理区域,该地区冰盖影响相对较大,最大影响值达到0.038 m。

通过计算和统计全区域各地理因素对大地水准面的影响值情况,分别求出不同阶次下的最小值、最大值、均值、中误差及均方误差,判断其具体影响大小,计算结果如表6.5所示。

表6.5　四种地理因素对东北平原大地水准面的影响情况　　　　(单位:m)

地理因素	阶次	180	360	720	2 100
地形	最小值	−0.248 4	0.311 1	−0.361 9	−2.182 5
	最大值	0.879 8	1.074 1	1.320 1	3.559 4
	均值	0.073 1	0.072 5	0.072 7	0.074 1
	中误差	0.052 7	0.056 6	0.063 2	0.229 0
	均方误差	0.058 0	0.061 8	0.068 5	0.234 5
水团	最小值	−0.576 6	0.553 5	−0.571 8	−0.652 8
	最大值	−0.435 8	−0.446 2	−0.436 5	−0.389 7
	均值	−0.481 7	−0.482 2	−0.482 0	−0.482 0
	中误差	0.000 3	0.000 3	0.000 2	0.000 7
	均方误差	0.232 4	0.232 8	0.232 6	0.233 0
冰盖	最小值	0.013 1	0.012 4	0.011 9	0.007 9
	最大值	0.024 7	0.025 9	0.027 4	0.038 1
	均值	0.018 9	0.019 0	0.019 0	0.019 0
	中误差	0.000 0	0.000 0	0.000 0	0.000 0
	均方误差	0.000 4	0.000 4	0.000 4	0.000 4
基岩	最小值	0.952 4	0.933 4	0.921 6	−0.727 3
	最大值	2.280 1	2.391 1	2.615 5	4.881 9
	均值	1.287 2	1.288 0	1.287 7	1.289 1
	中误差	0.050 9	0.055 4	0.062 1	0.230 8
	均方误差	1.707 9	1.714 4	1.720 1	1.892 5

由表6.5可知,地形、水团、冰盖及基岩等地理因素对东北平原的大地水准面

的影响随着球谐函数阶次的展开总体上呈现出逐渐增加的趋势,地形对该区域大地水准面的影响约为 0.07 m;水团对该区域的影响约为 −0.48 m;冰盖对该区域的影响较其他地理区域更大,最大值达到约 0.038 m,整体影响值约为 0.02 m;基岩对该区域大地水准面的影响为约 1.29 m。

6.2.4 地理因素对盆地地区的影响分析

盆地是地球表面(岩石圈表面)相对长期沉降的区域,具有中间地势低、周边地势高的基本特征。四川盆地是一个典型的盆地,其周围被山脉和高原所环绕,处于北纬 28°~33°,东经 103°~110°。图 6.28 是我国四川盆地地形图。

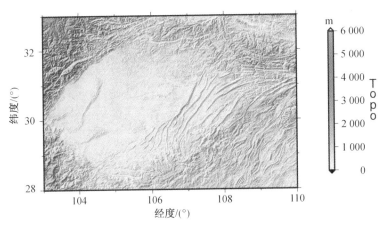

图 6.28 四川盆地地形图

选取四川盆地地理范围,替换从 Earth2014 模型中提取出来的位模型系数,利用球谐模型进行计算,得到各种因素对四川盆地大地水准面的影响,选择 2 100 阶次下 SUR、RET、ICE、TBI 四大类影响因素对四川盆地的影响情况进行图形绘制,得到图 6.29 至图 6.32。

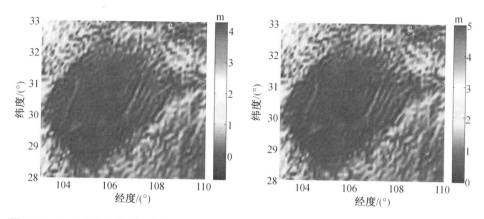

图 6.29   四川盆地位模型系数 SUR 影响情况   图 6.30   四川盆地位模型系数 RET 影响情况

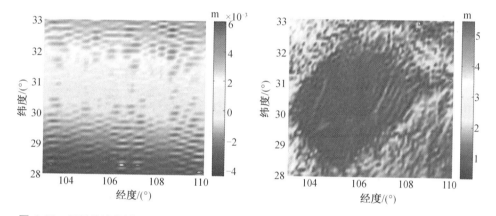

图 6.31   四川盆地位模型系数 ICE 影响情况   图 6.32   四川盆地位模型系数 TBI 影响情况

由图 6.29 至图 6.32 可知,SUR、RET、TBI 位模型系数对四川盆地的影响趋势与该区域地形起伏一致,因四川盆地周围地势较高,造成影响值较大的区域分布在四川盆地的四周。利用 SUR 与 ICE 进行差值计算,保留地形对大地水准面的影响,RET 与 TBI 之间进行差值计算,保留液态水对大地水准面的影响。通过以上方法最终求得地形、水团、冰盖及基岩对大地水准面的影响,所得结果绘制成图 6.33 至图 6.36。

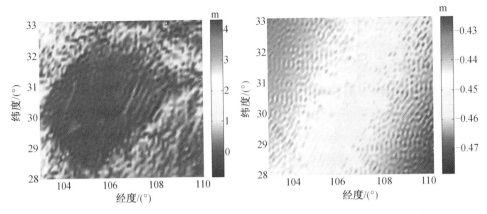

图 6.33 地理因素地形对四川盆地地区的影　图 6.34 地理因素水团对四川盆地地区的影
　　　　响值　　　　　　　　　　　　　　　　　　　响值

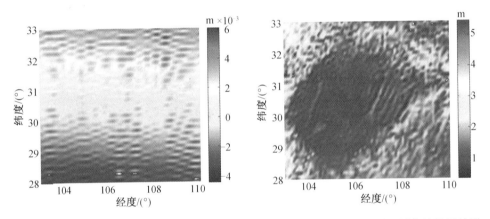

图 6.35 地理因素冰盖对四川盆地地区的影　图 6.36 地理因素基岩对四川盆地地区的影
　　　　响值　　　　　　　　　　　　　　　　　　　响值

　　结合四川盆地所处位置与地质构造环境进行分析,基岩因素对该区域的大地水准面影响最大。四川盆地周边由青藏高原、大巴山、巫山、大娄山、云贵高原环绕而成,地势起伏大,尤以西北区域的青藏高原最为明显,影响值达到 5.4 m,中部地势较为平坦,因地处第三阶梯,基岩层较厚,影响值为 1 m 左右。水团对该区域大地水准面的影响位于第二位,其缘故是因为四川盆地属于中国的多雨区,水含量丰富,特别是西部的乐山和雅安之间,年降水量为 1 500 ~ 1 800 mm,有"华西雨屏"之称,这便造成四川盆地总体上水量丰富,且西部较东部水含量更大,水团对大地水准面的影响程度从东南向西北逐渐增强。地形起伏主要由基岩的厚度层决定,因此整体上地形对大地水准面的影响趋势与基岩相似,只是影响程度低于基岩。冰盖对该区域大地水准面的影响级数很低,计算时受到误差的干扰,绘图成果呈现出摩尔纹。

通过计算统计全区域各地理因素对大地水准面的影响值情况,分别求出不同阶次下的最小值、最大值、均值、中误差及均方误差,判断其具体影响大小,计算结果如表6.6所示。

表6.6 四种地理因素对四川盆地大地水准面的影响情况 （单位:m）

地理因素	阶次	180	360	720	2 100
地形	最小值	−0.133 3	−0.138 8	−0.219 9	−0.833 2
	最大值	2.416 0	2.444 6	2.905 4	4.314 3
	均值	0.409 8	0.408 4	0.408 2	0.404 9
	方差	0.228 8	0.257 4	0.280 9	0.429 4
	均方误差	0.396 7	0.424 1	0.447 5	0.429 4
水团	最小值	−0.489 5	−0.487 9	−0.477 4	−0.478 4
	最大值	−0.425 4	−0.425 6	−0.427 3	−0.425 3
	均值	−0.451 9	−0.451 9	−0.451 8	−0.451 8
	方差	0.000 1	0.000 1	0.000 1	0.000 1
	均方误差	0.204 3	0.204 3	0.204 2	0.204 2
冰盖	最小值	−0.004 7	−0.004 1	−0.004 8	−0.004 5
	最大值	0.004 7	0.004 2	0.005 0	0.006 1
	均值	0.000 2	0.000 2	0.000 2	0.000 2
	方差	0.000 0	0.000 0	0.000 0	0.000 0
	均方误差	0.000 0	0.000 0	0.000 0	0.000 0
基岩	最小值	0.989 7	0.989 7	0.916 9	0.334 9
	最大值	3.583 3	3.583 3	4.036 9	5.439 8
	均值	1.577 9	1.577 9	1.577 4	1.574 1
	方差	0.248 4	0.248 4	0.271 1	0.419 6
	均方误差	2.738 0	2.738 0	0.759 2	2.897 2

由表6.6可知,地形对整个区域大地水准面的影响约为0.41 m;水团的影响值在各部位差异不大,平均影响值约为−0.45 m;冰盖的最大影响值为0.006 m,最小

影响值为 −0.004 8 m,整体影响值可以忽略;基岩对该地区大地水准面的影响随着阶次的展开逐渐增大,基岩对该区域大地水准面的影响值为 1.58 m。

6.3   地理因素对冰原地区的影响分析

冰原是大量降雪的积累,在受到重力的压缩后形成大量的冰川。在亚洲、大洋洲、欧洲、北美、南美、南极洲都分布着一些冰原,而大面积的冰原主要分布在格陵兰岛及南极洲。其中,格陵兰岛冰原属于陆地冰体,冰原高度约 3 000 m,冰川在全岛的覆盖率约为 83%;南极洲则属于海洋性冰原,冰原高度在 4 000 m 以上,冰川总量占世界冰川总量的 90%。全球气候变暖正在慢慢地影响到冰原的生态系统,而冰原的生态系统一旦发生变化,全球的生态系统也会发生相应变化,同时冰原地区所蕴含的资源也吸引着各国科学工作者的广泛关注。

冰原地区选取北半球具有代表性的北冰洋地区,北冰洋地形图如图 6.37 所示。该地区地处北纬 66.5°以北,包括所有经度范围,其中格陵兰岛 3/4 的冰川都在北冰洋境内。北大西洋暖流把赤道地区温暖、潮湿的水汽带到北极地区,在格陵兰岛东边与北极来的东格陵兰寒流相遇形成降雪天气。在极地东风的吹送下刚巧到达格陵兰岛,给格陵兰岛的万年雪提供了充足的来源。这些条件在同纬度的西伯利亚北部、阿拉斯加和加拿大北极岛群区都是没有的。这使得格陵兰岛冰川面积是北极岛屿的近 8 倍,储水量为北极岛屿的 28 倍。

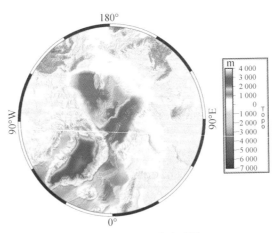

图 6.37   北冰洋地形图

将北极圈以上北纬范围,全部经度范围,利用球谐模型替换从 Earth2014 模型中提取出来的位模型系数,并对北冰洋地区大地水准面的影响值进行计算。因为北冰洋地区包括全部经度范围,计算高阶时出现异常,因此球谐模型分别设置为180 阶次、360 阶次及 720 阶次,对 720 阶次计算结果进行图形绘制,得到图 6.38至图 6.41。

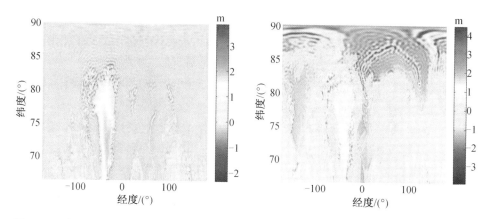

图 6.38 北冰洋地区位模型系数 SUR 影响情况

图 6.39 北冰洋地区位模型系数 RET 影响情况

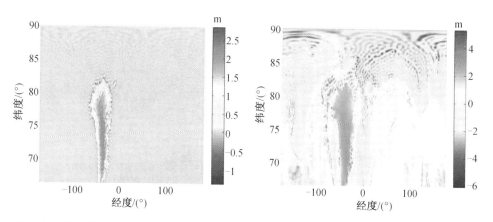

图 6.40 北冰洋地区位模型系数 ICE 影响情况

图 6.41 北冰洋地区位模型系数 TBI 影响情况

因北冰洋地区特殊的地形,四个位模型系数在格陵兰岛的影响较为明显。由图 6.38 至图 6.41 可知,SUR 与 ICE 在格陵兰岛的影响与北冰洋其他区域具有明

显差异。利用 SUR 与 ICE 进行差值计算,计算得到地形对大地水准面的影响,RET
与 TBI 之间进行差值计算,得到液态水对大地水准面的影响。通过以上方法最终
求得地形、水团、冰盖及基岩对大地水准面的影响,所得结果绘制图 6.42 至图
6.45。

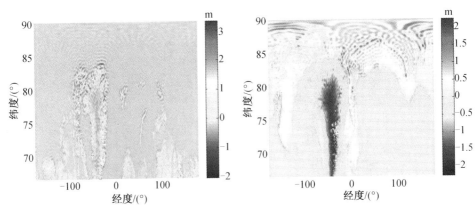

图 6.42　地理因素地形对北冰洋地区的影响　　图 6.43　地理因素水团对北冰洋地区的影响
　　　　　值　　　　　　　　　　　　　　　　　　　　　　值

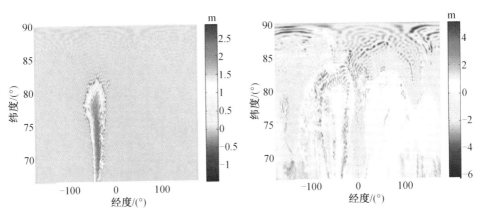

图 6.44　地理因素冰盖对北冰洋地区的影响　　图 6.45　地理因素基岩对北冰洋地区的影响
　　　　　值　　　　　　　　　　　　　　　　　　　　　　值

由图 6.42 至图 6.45 结合北冰洋地区特殊的地理位置与地质结构进行分析可
知,基岩因素对该区域大地水准面的影响最大。地球是一个两极稍扁的球体,北极
点较北冰洋周边区域基岩层更薄,对大地水准面的抬升作用弱,阿蒙森海盆作为北

冰洋最深的区域,对大地水准面的下拉作用最为明显。地形对该区域大地水准面的影响位于第二位,以北极点为中心向四周展开均低于海平面,格陵兰岛同纬度的一些岛屿地势凸起,能够对大地水准面的抬升起到一定的作用。第三位是冰盖影响,主要体现在格陵兰岛,格陵兰岛冰层厚度达 2 300 m,因此对大地水准面的抬升作用显著。水团的影响分布情况与基岩相反,由于北冰洋有广袤的水域,基岩和冰川未能露出海面的位置,水团的影响表现得较为明显。

通过计算和统计该区域各地理因素对大地水准面的影响值情况,分别求出不同阶次下的最小值、最大值、均值、中误差及均方误差,判断其具体影响大小。北冰洋选取了 180 阶次、360 阶次、720 阶次,计算结果如表 6.7 所示。

表 6.7 四种地理因素对北冰洋大地水准面的影响情况 （单位：m）

地理因素	阶次	180	360	720
地形	最小值	− 0.486 2	− 0.888 7	− 2.056
	最大值	1.203 4	1.641 2	3.33
	均值	− 0.177 6	− 0.177 6	− 0.177 1
	方差	0.022 3	0.03	0.057 2
	均方误差	0.053 9	0.061 6	0.088 6
水团	最小值	− 1.866 1	− 1.963 1	− 2.248 4
	最大值	0.941 3	1.160 4	2.239 6
	均值	− 0.090 3	− 0.084 6	− 0.086 4
	方差	0.256 1	0.279 9	0.315 9
	均方误差	0.264 3	0.287 1	0.323 4
冰盖	最小值	− 0.223 7	− 0.382 6	− 1.421 5
	最大值	2.274 4	2.415 7	2.849
	均值	0.110 2	0.110 2	0.110 2
	方差	0.094 4	0.095 9	0.101 4
	均方误差	0.106 6	0.108 1	0.113 5

表 6.7（续）

地理因素	阶次	180	360	720
基岩	最小值	−2.789	−3.320 1	−6.148 9
	最大值	2.218	2.948 2	5.108 3
	均值	−0.133 5	−0.148 4	−0.143 3
	方差	1.375 1	1.538	1.795 2
	均方误差	1.393	1.560 1	1.815 8

在北冰洋地区，由球谐模型依次按阶次展开至 2 100 阶次后，计算时出现异常，因此只采用 180 阶次、360 阶次及 720 阶次的结果进行分析。由表 6.7 可知地形和水团的影响随着阶次的展开，影响均值变小，基岩的影响随着阶次的展开影响均值变大。冰盖的影响值在格陵兰岛区域最大达到 2.8 m。

从四种地理因素对实验区域大地水准面的影响情况分析来看，水体总量、地形地势的起伏情况、基岩层及冰层的厚度都会对大地水准面的构建产生一定的影响。随着对应地理因素影响程度的提高，大地水准面呈现提升的趋势。四大地理因素中，基岩的影响程度最大，其他影响因素在不同的区域体现出不同的重要性，具体如表 6.8 和图 6.46 所示。

表 6.8　不同地理因素在不同地形的影响程度

地理区域	影响程度强弱情况
青藏高原地区	基岩 > 地形 > 水团 > 冰盖
东南丘陵	基岩 > 水团 > 地形 > 冰盖
东北平原	基岩 > 水团 > 地形 > 冰盖
四川盆地	基岩 > 水团 > 地形 > 冰盖
北冰洋	基岩 > 地形 > 冰盖 > 水团

由表 6.8 和图 6.46 可知，基岩对构建高程基准的影响最大（除冰原地区），其中在青藏高原地区，基岩影响的平均值在 2.5 m 以上；其次为地形的影响，在青藏高原地区，地形影响的平均值在 1.5 m 以上，在四川盆地的平均影响值接近 0.07 m，在东南丘陵及东北平原地势较为平坦的地区影响较小。因此在构建地势较为复杂区域的高程基准时，需要估计基岩和地形的影响。水团的影响在四个典

型区域中的平均影响值在0.5 m以内,但在东南丘陵、东北平原及四川盆地的影响中位于第二位。冰盖在以上四个地区的影响可以忽略不计,但在冰原地区冰盖的影响略大于水团的影响,且四种因素的影响值相对其他区域较小。

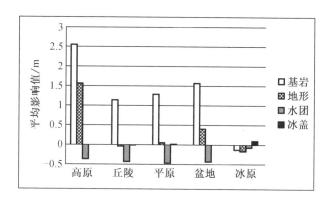

图6.46　地理因素对不同区域的影响情况

第7章　数值计算分析

前面章节已经对重力场模型进行了对比分析,本章将研究构建大地水准面的重力场模型的最适模型、分辨率精度、大地水准面精细结构情况,通过坡度方法分析每千米大地水准面起伏情况,最后以实例来拟合区域内的大地水准面。

7.1　实验区域概况

本书选取的区域坐标范围是 40.75°N ~ 42.25°N、114°E ~ 115.5°E,该区域属于我国华北地区。我国华北地区地形总体属于平缓地区,实验区跨越了 3 个省份,其主要区域是内蒙古自治区东南部分、河南省西北部分及山西省东北部分地区,包括大同、张家口和乌兰察布等城市(图7.1)。

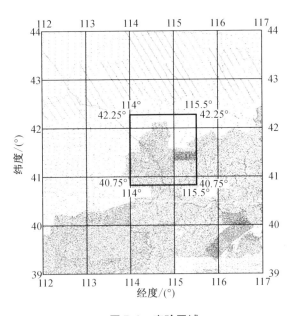

图7.1　实验区域

实验区域平面坐标系采用 2000 国家大地坐标系,本书利用了 40.75°N ～ 42.25°N、114°E ～115.5°E 地区内已有的国家高精度 GNSS(A、B 级)网点中的 51 个 GNSS 水准点数据。该区域内 GNSS 水准点点位分布图如图 7.2,实验区域控制点见表 7.1。

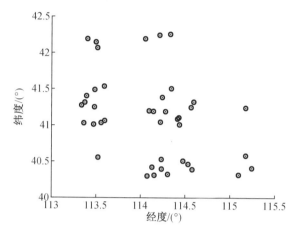

图 7.2　GNSS 水准点点位分布图

表 7.1　实验区域控制点

点号	纬度/(°)	经度/(°)	水准高/m	大地高/m
1	41.061 650 18	113.592 011 7	1 415.79	1 429.782
2	41.504 601 08	114.345 474 5	1 434.945	1 448.268
3	41.384 716 66	114.244 079 9	1 343.928	1 357.518
4	41.251 162 21	114.565 056 9	1 365.104	1 376.532
5	41.241 520 95	115.172 704	1 493.479	1 503.629
6	41.195 763 05	114.145 208 9	1 403.05	1 416.687
7	41.103 418 73	114.422 877 1	1 380.371	1 392.21
8	40.584 533 36	115.174 813 7	1 308.478	1 318.457
9	40.532 549 04	114.235 332	1 135.391	1 148.1
10	40.511 497 38	114.475 770 1	998.101	1 010.087
11	40.422 927 57	114.130 489 1	1 058.707	1 071.866
12	40.412 852 92	115.242 313	851.06	861.066

表 7.1(续)

点号	纬度/(°)	经度/(°)	水准高/m	大地高/m
13	40.321 585 72	115.092 245 6	597.04	608.159
14	41.315 100 95	114.590 785 5	1 388.046	1 399.466
15	41.200 128 97	114.093 410 8	1 357.137	1 370.966
16	41.032 596 47	113.555 266 5	1 334.161	1 348.172
17	41.091 726 01	114.413 879	1 380.458	1 392.253
18	41.010 118 51	114.435 702 8	1 513.438	1 525.087
19	40.400 995 6	114.233 188 9	812.208	825.251
20	40.391 661 54	114.580 195 4	615.47	627.126
21	41.045 186 68	114.222 516	1 501.295	1 513.872
22	40.463 344 77	114.533 158 6	711.523	723.331
23	40.300 405 61	114.071 646 5	972.054	985.436
24	40.313 424 43	114.153 129 7	926.196	939.282

7.2　区域大地水准面结构分析

为求得在坐标范围 40.75°N ~ 42.25°N、114°E ~ 115.5°E 区域内最适合的地球重力模型,以 EGM2008、EIGEN – 6C4、GOCO05C、ITU_GRACE16 四种重力模型计算的似大地水准面与我国基准面的差异,可以通过已知的 GNSS 水准点数据,使用水准高减去大地高得出高程异常。由于 ITU_GRACE16 重力模型最高阶次为 180 阶次,所以先计算 EGM2008、EIGEN – 6C4、GOCO05C、ITU_GRACE16 四种重力模型在该实验区内 51 个 GNSS 水准点 180 阶次时的高程异常值,如表 7.2 所示。

表 7.2　四个模型在 180 阶次高程异常　　　　　　　　　　　　(单位:m)

点号	高程异常	EGM2008	EIGEN – 6C4	GOCO05C	ITU_GRACE16
1	– 13.992	– 14.973	– 15.057	– 15.054	– 13.622
2	– 13.323	– 13.340	– 13.425	– 13.427	– 14.284

表 7.2（续 1）

点号	高程异常	EGM2008	EIGEN – 6C4	GOCO05C	ITU_GRACE16
3	– 13.59	– 13.510	– 13.601	– 13.602	– 14.129
4	– 11.428	– 12.498	– 12.500	– 12.501	– 13.988
5	– 10.15	– 10.709	– 11.860	– 10.663	– 10.651
6	– 13.637	– 13.639	– 13.932	– 13.697	– 13.701
7	– 11.839	– 12.800	– 13.987	– 12.788	– 12.790
8	– 9.979	– 10.227	– 11.396	– 10.134	– 10.102
9	– 12.709	– 12.867	– 13.559	– 12.762	– 12.778
10	– 11.986	– 12.148	– 13.500	– 12.036	– 12.041
11	– 13.159	– 13.052	– 13.412	– 12.957	– 12.978
12	– 10.006	– 9.980	– 10.878	– 9.899	– 9.861
13	– 11.119	– 10.309	– 11.528	– 10.225	– 10.193
14	– 11.42	– 12.475	– 14.005	– 12.484	– 12.483
15	– 13.829	– 13.781	– 13.889	– 13.850	– 13.853
16	– 14.011	– 15.044	– 13.633	– 15.116	– 15.118
17	– 11.795	– 12.817	– 13.982	– 12.803	– 12.806
18	– 11.649	– 12.696	– 13.926	– 12.657	– 12.660
19	– 13.043	– 12.739	– 13.445	– 12.643	– 12.661
20	– 11.656	– 11.733	– 13.255	– 11.629	– 11.628
21	– 12.577	– 13.327	– 13.907	– 13.323	– 13.330
22	– 11.808	– 11.934	– 13.393	– 11.823	– 11.826
23	– 13.382	– 13.089	– 13.276	– 13.016	– 13.039
24	– 13.086	– 12.876	– 13.338	– 12.797	– 12.818
25	– 12.933	– 13.264	– 14.020	– 13.298	– 13.301
26	– 12.499	– 12.460	– 13.394	– 12.372	– 12.388
27	– 17.144	– 17.436	– 15.552	– 17.674	– 17.653
28	– 16.501 7	– 17.000	– 15.212	– 17.247	– 17.226
29	– 16.088 8	– 16.716	– 14.995	– 16.979	– 16.959
30	– 15.316 3	– 15.411	– 14.012	– 15.670	– 15.656

表 7.2(续 2)

点号	高程异常	EGM2008	EIGEN – 6C4	GOCO05C	ITU_GRACE16
31	– 15.796 4	– 15.640	– 14.126	– 15.898	– 15.883
32	– 15.938 5	– 15.762	– 14.230	– 15.998	– 15.984
33	– 15.928 2	– 15.710	– 14.185	– 15.915	– 15.903
34	– 15.993 4	– 15.779	– 14.264	– 15.972	– 15.960
35	– 15.276 7	– 15.381	– 13.895	– 15.556	– 15.548
36	– 14.781 9	– 15.507	– 13.950	– 15.592	– 15.590
37	– 14.398 2	– 15.232	– 13.722	– 15.302	– 15.303
38	– 14.074 4	– 14.784	– 13.300	– 14.711	– 14.730
39	– 15.968 1	– 15.358	– 15.268	– 15.476	– 15.466
40	– 15.315	– 14.983	– 15.564	– 15.034	– 15.029
41	– 14.598 2	– 14.624	– 15.674	– 14.627	– 14.626
42	– 13.797 1	– 14.164	– 15.569	– 14.136	– 14.136
43	– 12.928 7	– 13.729	– 15.427	– 13.664	– 13.666
44	– 12.541 8	– 12.249	– 13.970	– 12.071	– 12.072
45	– 11.821 1	– 11.888	– 13.324	– 11.687	– 11.686
46	– 11.014 3	– 11.388	– 12.344	– 11.185	– 11.179
47	– 10.671 2	– 11.216	– 12.108	– 11.053	– 11.047
48	– 11.124	– 11.043	– 12.182	– 10.989	– 10.983
49	– 11.134 3	– 11.015	– 12.159	– 10.965	– 10.959
50	– 11.088 7	– 11.029	– 12.246	– 10.985	– 10.978
51	– 11.371 3	– 11.277	– 12.759	– 11.242	– 11.236

在高程异常已知的情况下,使用 GNSS 水准点高程异常值减去重力场模型生成的高程异常值,即使用 EGM2008、EIGEN – 6C4、GOCO05C、ITU_GRACE16 四种重力模型计算的似大地水准面与我国基准面的差异,分别计算得到四个重力模型的残差,然后计算得到四个模型残差的最大值、最小值,再求得均值、中误差、均方误差,从而判定其精度。为了更进一步地确定重力场模型的精度,以及不同阶次计算对重力模型的影响,可将重力场模型进行截断计算,采用的最大截断阶数为180,360,720,1 420,2 190,计算结果见图 7.3 与表 7.3。

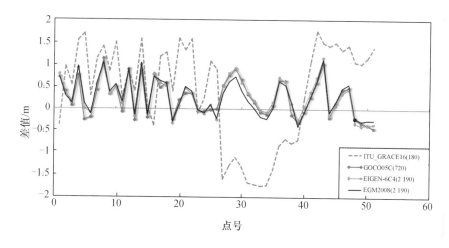

图 7.3　四个地球重力模型残差图

表 7.3　四个重力模型不同阶次高程异常与 GNSS 水准高程异常的比对结果

（单位:cm）

重力场模型	阶次	180	360	720	1 420	2 190
ITU_GRACE16	最大值	177.18				
	最小值	− 174.32				
	均值	51.68				
	中误差	117.22				
	均方误差	93.61				
GOCO05C	最大值	110.45	105.74	113.23		
	最小值	− 89.43	− 60.72	− 44.22		
	均值	23.45	29.60	24.82		
	中误差	44.23	42.29	38.34		
	均方误差	49.38	43.47	41.90		
EIGEN − 6C4	最大值	110.74	109.39	112.38	115.38	116.19
	最小值	− 92.61	− 52.39	− 37.64	− 38.72	− 38.40
	均值	23.20	29.58	27.84	28.06	28.40
	中误差	44.17	42.28	39.11	39.31	39.22
	均方误差	49.44	43.53	40.86	40.86	40.82

表 7.3(续)

重力场模型	阶次	180	360	720	1 420	2 190
EGM2008	最大值	107.03	105.32	107.99	111.06	111.83
	最小值	−81.11	−48.95	−45.61	−41.92	−39.46
	均值	22.33	28.36	26.54	26.75	27.10
	中误差	42.03	41.16	37.31	37.62	37.34
	均方误差	47.46	42.99	39.56	39.00	39.00

由于 ITU_GRACE16 重力场模型最高只有 180 阶次,所以首先计算该实验区在 180 阶次时的 4 种重力模型的精度,从图 7.3 和表 7.3 中可以得到以下结论。

在 180 阶次时 ITU_GRACE16 在该区域的精度最差,已达到 93.61 cm,GOCO05C 模型精度为 49.38 cm,EIGEN_6C4 模型精度为 49.44 cm,EGM2008 模型精度为 47.46 cm。可知在 180 阶时最优模型为 EGM2008 模型,其次为 GOCO05C 模型。

在 720 阶次时只有 3 个重力模型,GOCO05C 重力场模型最高为 720 阶次,在该区域内精度为 41.90 cm。EIGEN_6C4 模型精度为 40.86 cm,EGM2008 模型精度为 39.56 cm。可知在 720 阶次时最优模型仍为 EGM2008 模型,但此时 GOCO05C 模型精度不如 EIGEN_6C4 模型。

在 2 190 阶次时只有 2 个重力模型,EIGEN_6C4 重力场模型在该区域内最优的精度为 40.82 cm,EGM2008 重力场模型在该区域内精度为 39.00 cm,虽然 EIGEN_6C4 重力场模型与 EGM2008 重力场模型精度几乎相同,差距为 1~2 cm,但是在该区域内 EGM2008 精度最高,所以在该区域内应使用 EGM2008 模型。

四个模型所计算的高程异常与 GNSS 水准所测高程异常之间存在系统偏差,可以看出重力场模型随着阶次的拓展,精度越来越高。但在 720 阶次以后重力场模型对高程异常精度的改善已不明显,甚至出现精度降低的情况[60]。

不同分辨率的数据反映地形信息的能力不同,并且分辨率的不同还会引起结果差异。以 EGM2008 模型在该区域选用不同分辨率构建大地水准面为例,分别选取分辨率为 1′×1′、2.5′×2.5′、10′×10′格网数据进行计算。首先使用 1′×1′的格网数据计算得出实验区的大地水准面,然后再使用 10′×10′和 2.5′×2.5′的格网数据计算,对比 1′×1′的格网数据的计算结果,其差值如图 7.4 和图 7.5 所示。从图中可以看出,10′×10′和 1′×1′的格网数据计算出的实验区大地水准面差值范围接近 40 cm,2.5′×2.5′和 1′×1′的格网数据计算出的实验区大地水准面差值范围小于 2 cm,说明在该区域内 2.5′×2.5′和 1′×1′分辨率计算结果近似,该实验区最优应选择 1′×1′的数据来构建大地水准面。

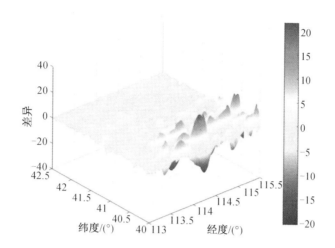

图 7.4 分辨率 10′×10′减去 1′×1′格网数据差值(单位:cm)

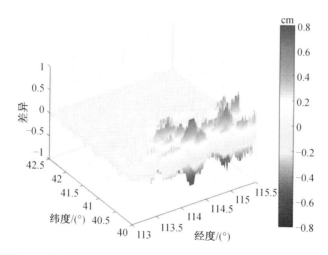

图 7.5 分辨率 2.5′×2.5′减去 1′×1′格网数据差值(单位:cm)

利用 EGM2008 模型分别使用分辨为 $1' \times 1'$、$2.5' \times 2.5'$、$10' \times 10'$ 格网数据计算出实验区 51 个 GNSS 水准点高程异常值,通过已知的水准点高程异常值,计算出这三种格网数据的残差值,再对残差值进行处理,其差异结果如图 7.6 和表 7.4 所示。对比分析三种格网差值可知使用 EGM2008 模型分辨率为 $1' \times 1'$、$2.5' \times 2.5'$ 网格计算出的结果近似,两者之间的差距很小,但是差值中误差最优的仍是分辨率为 $1' \times 1'$ 的格网模型,差值误差为 0.387 6 m。

表 7.4　EGM2008 模型不同分辨率残差计算的精度　　　　　　（单位:m）

分辨率	$1' \times 1'$	$2.5' \times 2.5'$	$10' \times 10'$
中误差	0.387 6	0.388 2	0.424 3
方差	0.153 2	0.153 7	0.183 6

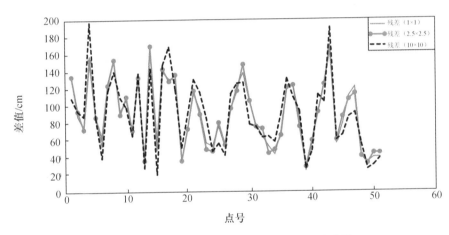

图 7.6　实验区 EGM2008 模型不同分辨率残差图

采用多少分辨率的空间数据构建相当精度的区域(似)大地水准面,需要对区域(似)大地水准面的精细结构有足够的理解。在已有相关研究的基础上,本书采用坡度方法计算、分析区域(似)大地水准面的精细结构。已有的研究方法如前文所示,是以一个格网四个端点的水准网点高程异常值来进行内插计算分析。

在水准格网中,最简单推估已知点和内插点之间的高程异常差的方法,就是线性内插,也就是计算两点间的垂线偏差之差。可以看出,由同一局部重力场短波扰动引起的推估误差也是互相对应的,前者为 ξ_η 后者设为 δ_θ,所考虑的水准格网的分辨率为 $d \times d^2$。通过格网四个端点的水准网点高程异常值来进行内插,设内插点为 p,且位于格网中央[95],如图 7.7 所示。

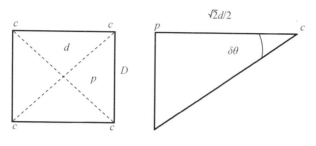

图 7.7 水准点网格内插

　　本书采用八方位对格网数据进行计算分析。计算方法如图 7.8 所示,除去边缘数据外,所有数据简化为图中的九宫格式排列,i、j 分别表示数据的纵横序数。中间数据同周边八个数据进行差分计算,对于对角的数据,其距离上是一个近似等腰直角形。因此,为保持单位距离区域(似)大地水准面起伏变化量的统一,需要除以一个常数,即 1.414。

$i.1,\quad j+1$	$i,\quad j+1$	$i+1,\quad j+1$
$i.1,\quad j$	$i,\quad j$	$i+1,\quad j+1$
$i.1,\quad j.1$	$i,\quad j.1$	$i+1,\quad j+1$

图 7.8 八方位计算坡度的格网数据示意图

八方位计算表达式为

$$\begin{cases} \Delta x_1 = \dfrac{hh_{i,j} - hh_{(i-1,j+1)}}{\sqrt{2}} \\[2mm] \Delta x_2 = hh_{i,j} - hh_{(i-1,j)} \\[2mm] \Delta x_3 = \dfrac{hh_{i,j} - hh_{(i-1,j-1)}}{\sqrt{2}} \\[2mm] \Delta x_4 = hh_{i,j} - hh_{(i,j-1)} \\[2mm] \Delta x_5 = -\dfrac{hh_{i,j} - hh_{(i+1,j-1)}}{\sqrt{2}} \\[2mm] \Delta x_6 = -\left(hh_{i,j} - hh_{(i+1,j)}\right) \\[2mm] \Delta x_7 = -\dfrac{hh_{i,j} - hh_{(i+1,j+1)}}{\sqrt{2}} \\[2mm] \Delta x_8 = -\left(hh_{i,j} - hh_{(i,j+1)}\right) \end{cases} \qquad (7.1)$$

式中,h 为高程值。

根据式(7.1)计算的 8 个数据有正、有负,因此设定:当 $\Delta x_k > 0$ 时,$t_1 = \Delta x(k)$,当 $\Delta x_k < 0$ 时,$t_2 = \Delta x(k)$。

为了便于应用地面分辨率概念,将上述计算结果统一归算成大地水准面每千米起伏变化。每千米大地水准面上下坡度起伏变化的公式可表述为

$$nn(i,j) = \frac{100 \times t_1}{110}, mm(i,j) = \frac{100 \times t_2}{110} \qquad (7.2)$$

式中,110 是一个常数,假设地球地面1°的地理经纬度的距离为 110 km。公式计算结果的单位为 cm/km。

利用 $1' \times 1'$ 分辨率的格网数据采用上述方法计算大地水准面起伏变化情况,计算结果显示,向上和向下的绝对数值结果整体相差不大,其结果如图7.9 和图7.10所示。从图中可以看出该区域范围内每千米正方向的起伏变化可达到 6 cm,每千米负方向的起伏变化可达到 4.5 cm。该实验区大约有 200 km,可知该区域内累计最大起伏可达到 18 m,当然这只是一个理论值,实际上不会出现一直向上起伏的情况。通过坡度计算方法可以分析该区域大地水准面的起伏情况。

整体来看:该区域面积相对较小,大地水准面起伏变化较为简单,其原因主要是该区域地势主要为平原、丘陵地区,地形相对简单;从分布上来看,该区域的极大值起伏变化在整个区域内都是均匀分布的,一方面说明该区域内的大地水准面的结构复杂度变化比较均匀,另一方面说明要构建高精度的区域大地水准面需要的基础数据也是需要均匀分布的。

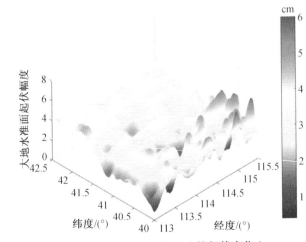

图 7.9　大地水准面向上的起伏变化 1

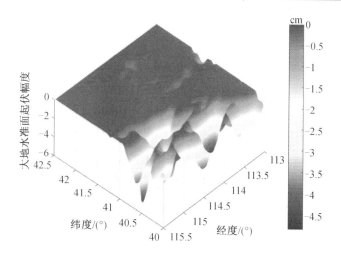

图 7.10 大地水准面向上的起伏变化 2

通过对该区域的大地水准面进行精细结构分析可知,该区域大地水准面起伏变化不大,西北方向起伏变化较小,可以看作是一个平缓地区,该区域为内蒙古乌兰察布市附近,东南方向起伏较大一些,该区域为河北省张家口市附近,实验区总体而言可视为平缓地区。为进一步精化大地水准面,可将该区域分为两块,西北部分为第一区域 A,东南部分为第二区域 B,对应坐标见表 7.5 和表 7.6。下面通过GNSS 水准与重力模型组合的方法,计算分析区域大地水准面。

表 7.5 实验区内西北部分 A 区坐标

点号	经度/(°)	纬度/(°)	高程异常/m
1	113. 592 011 7	41. 061 650 18	−13. 992
2	114. 345 474 5	41. 504 601 08	−13. 323
3	114. 244 079 9	41. 384 716 66	−13. 59
6	114. 145 208 9	41. 195 763 05	−13. 637
15	114. 093 410 8	41. 200 128 97	−13. 829
16	113. 555 266 5	41. 032 596 47	−14. 011
27	113. 402 595 5	42. 190 405 31	−17. 144
28	113. 494 577 6	42. 142 679 39	−16. 501 7
29	113. 515 829 6	42. 063 129 04	−16. 088 8

表 7.5(续)

点号	经度/(°)	纬度/(°)	高程异常/m
30	113.590 131 9	41.534 131 35	−15.316 3
31	113.482 969 5	41.491 641 7	−15.796 4
32	113.392 826 2	41.401 680 49	−15.938 5
33	113.373 532 9	41.311 315 32	−15.928 2
34	113.331 733 4	41.274 802 85	−15.993 4
35	113.482 232 8	41.251 810 12	−15.276 7
36	113.363 685 7	41.032 450 37	−14.781 9
37	113.472 243	41.012 543 57	−14.398 2
38	113.523 696 3	40.554 790 16	−14.074 4
39	114.052 819 3	42.192 177 48	−15.968 1
40	114.211 176 7	42.244 196 08	−15.315
41	114.331 473 1	42.252 853 43	−14.598 2
42	114.443 649 8	42.201 744 08	−13.797 1
43	114.564 119 4	42.173 238 74	−12.928 7
44	115.020 633 7	42.175 513 07	−12.541 8
45	115.145 588	42.222 191 99	−11.821 1

表 7.6 实验区内东南部分 B 区坐标

点号	经度/(°)	纬度/(°)	高程异常/m
4	114.565 056 9	41.251 162 21	−11.428
5	115.172 704	41.241 520 95	−10.15
7	114.422 877 1	41.103 418 73	−11.839
8	115.174 813 7	40.584 533 36	−9.979
9	114.235 332	40.532 549 04	−12.709
10	114.475 770 1	40.511 497 38	−11.986
11	114.130 489 1	40.422 927 57	−13.159
12	115.242 313	40.412 852 92	−10.006
13	115.092 245 6	40.321 585 72	−11.119

表 7.6(续)

点号	经度/(°)	纬度/(°)	高程异常/m
14	114.590 785 5	41.315 100 95	−11.42
17	114.413 879	41.091 726 01	−11.795
18	114.435 702 8	41.010 118 51	−11.649
19	114.233 188 9	40.400 995 6	−13.043
20	114.580 195 4	40.391 661 54	−11.656
21	114.222 516	41.045 186 68	−12.577
22	114.533 158 6	40.463 344 77	−11.808
23	114.071 646 5	40.300 405 61	−13.382
24	114.153 129 7	40.313 424 43	−13.086
25	114.280 369 1	41.190 863 39	−12.933
26	114.305 292 2	40.325 990 55	−12.499
46	115.285 146 7	42.215 190 73	−11.014 3
47	115.280 924 8	42.062 034 9	−10.671 2
48	115.163 761 9	41.585 593 35	−11.124
49	115.161 723 2	41.551 372 02	−11.134 3
50	115.135 409 1	41.483 875 19	−11.088 7
51	115.020 404	41.385 414 43	−11.371 3

7.3 传统方法数值分析

7.3.1 GNSS 水准法拟合大地水准面

该区域共有 51 个 GNSS 水准点,从中选取均匀分布在实验区的(5,7,8,19,25,27,31,36,40,45 号点)这 10 个点作为检核点,剩下的 41 个点作为拟合点。计算采用了平面拟合、二次曲面拟合、薄板样条、多面函数、BP 神经网络模型 5 种拟合方法计算大地水准面。计算结果如图 7.11 至图 7.14 所示。

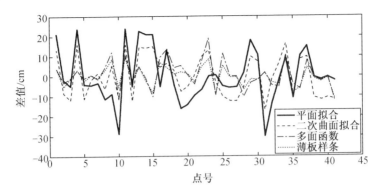

图 7.11　四种拟合方法的外符合残差图

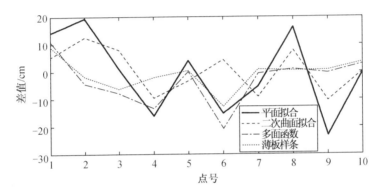

图 7.12　四种拟合方法的内符合残差图

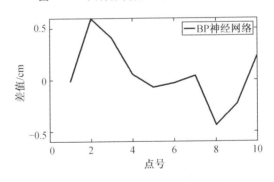

图 7.13　BP 神经网络模型内符合残差图

从图 7.11 和图 7.12 可以得到在该区域内 4 种拟合方法计算的外符合残差和内符合残差情况,可知多面函数和薄板样条法拟合的效果更好,其线性起伏较小;平面拟合和二次曲面拟合的效果较差,线性波动大,尤其是平面拟合,其效果最差,在该区内不适合采用该方法。

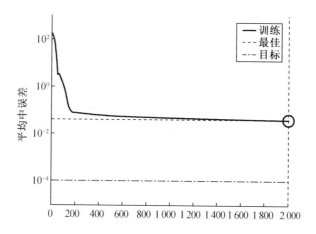

图 7.14 BP 神经网络训练次数误差

从图 7.13 和图 7.14 可以得到 BP 神经网络拟合法的内符合残差和神经网络最佳训练次数误差,可知 BP 神经网络在该区域内拟合效果较好。通过多次设定神经网络结构,最后设定神经元个数为 20 个,训练次数为 2 000 次,可以看出在 190 次时误差已经开始平缓。

五种拟合法精度见表 7.7。

表 7.7 五种拟合方法精度 （单位:cm）

方法		内符合	外符合
平面拟合	最大值	19.39	23.92
	最小值	23.28	−30.15
	均方误差	13.83	13.15
二次曲面拟合	最大值	12.43	16.43
	最小值	−10.49	−17.60
	均方误差	7.84	10.41
薄板样条	最大值	8.95	9.63
	最小值	−12.70	−11.64
	均方误差	6.43	6.13

表 **7.7**(续)

方法		内符合	外符合
多面函数	最大值	11.00	18.92
	最小值	−20.77	−12.63
	均方误差	7.44	8.04
BP 神经网络	最大值	14.84	
	最小值	−11.07	
	均方误差	7.60	

由表 7.7 可以得出以上几种拟合方法的精度统计结果如下。

(1)平面拟合方法拟合内符合精度为 13.83 cm,外符合精度为 13.15 cm,最终计算得到似大地水准面成果未能达到厘米级,不能满足精度要求。这说明大范围、高精度拟合需求不适合使用此方法,若实验区范围较小且实验区内 GNSS 水准点按照线状布设,且高程异常变化较大,规律性较强时,适用于此方法。

(2)采用二次曲面拟合内符合精度为 7.84 cm,外符合精度为 10.41 cm,拟合的似大地水准面未完全达到厘米级,只能够满足一定测量水准的精度要求,不能达到预期的目标,该方法不适用于地形变化过于复杂的区域。

(3)薄板样条拟合内符合精度达到 6.43 cm,外符合精度达到了 6.13 cm,相对而言该方法是在实验区内构建似大地水准面最好的方法。但是该方法过程烦琐,对已知点分布有比较严格的要求,并且由于外符合精度高于内符合精度,所以在实验区内不推荐使用该方法。

(4)多面函数拟合法内符合精度达到 7.44 cm,外符合精度达到 8.04 cm,拟合得到的似大地水准面成果也能够满足精度要求。此方法适用于大面积、点位分布均匀的区域,能够以任意精度逼近,但多面函数的核函数和光滑因子的选择对转换精度十分重要,需多次比较,认真选取。

最后还使用了 BP 神经网络进行了拟合,但是由于 BP 神经网络计算拟合时选取的校核点为随机抽取,不是自己设定的 10 个检核点,所以只能计算得到随机的 10 个点位与其真值,因此只能进行内符合精度检验,其精度为 7.60 cm。

7.3.2 移去–恢复法构建大地水准面

通过已知数据计算出 GNSS 水准点的高程异常值,然后减去重力场模型计算出的模型中的高程异常,就可以求得这些水准点的高程异常差值,最后进行拟合得到高程异常残差。在本书第 4 章已分析得知在该区域内最佳重力模型为EGM2008,于是以 EGM2008 模型为例来进行移去 – 恢复法计算。

图 7.15 和图 7.16 可为采用移去由重力模型计算的高程异常之后采用拟合方法计算的外符合残差和内符合残差情况,可知薄板样条法拟合的效果最好,多面函数次之,其线性起伏较小,平面拟合和二次曲面拟合的效果较差,线性波动大,尤其是平面拟合,其效果最差。移去 – 恢复法与未采用移去 – 方法直接拟合相比,精度均有了很大的提升。

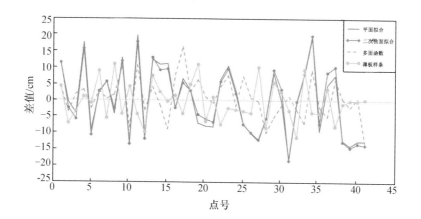

图 7.15 移去 – 恢复法外符合残差图

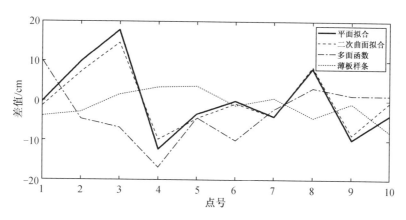

图 7.16 移去 – 恢复法内符合残差图

表 7.8 可为采用移去 – 恢复法移去 EGM2008 模型形成的长波分量后构建的大地水准面与单独使用几何方法拟合大地水准面对比,可以看出精度得到了较大

的提升。采用移去-恢复法拟合大地水准面要优于多种拟合方法直接构建大地水准面,这是因为在构建大地水准面的过程中,长波分量是不可忽略的,可用几何法拟合得到精确的大地水准面,采用移去-恢复法可提高似大地水准面在局部的精度和符合性。

表 7.8　EGM2008 结合水准拟合方法精度表　　　　　（单位:cm）

方法		内符合	外符合
EGM2008 + 平面拟合	最大值	17.77	19.66
	最小值	− 12.28	− 18.04
	均方误差	8.75	10.09
EGM2008 + 二次曲面拟合	最大值	14.59	17.03
	最小值	− 9.8	− 16.63
	均方误差	7.4	8.93
EGM2008 + 薄板样条	最大值	3.69	10.8
	最小值	− 7.93	− 11.27
	均方误差	5.47	6.74
EGM2008 + 多面函数	最大值	10.32	16.28
	最小值	− 16.8	− 13.30
	均方误差	5.16	5.98
EGM2008 + BP 神经网络	最大值	17.09	
	最小值	− 17.38	
	均方误差	8.95	

7.3.3　分区构建大地水准面

由于相对实验区整体而言,实验区的西北部分平缓地区地形起伏变化较小,东南区域为地形较为复杂的区域,所以为更进一步精化大地水准面,可将区域分为A、B 两个区域,分别对两个区域使用移去-恢复法进行拟合。

先对 A 区进行拟合,选取(27,30,31,36,40,41,45)7 个点作为校核点,其他水准点作为拟合点,得到结果如图 7.17、图 7.18、表 7.9 所示。

由图 7.17 和图 7.18 可以看出,分区后的 A 区的计算得到的外符合残差和内符合残差情况,多面函数法拟合的效果最好,其线性起伏较小;平面拟合和二次曲面拟合的效果较差,线性波动大,且在 A 区这样的平缓区域内平面拟和与二次曲面拟合精度接近,效果近似。

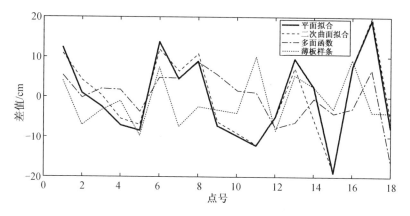

图 7.17 A 区外符合残差图

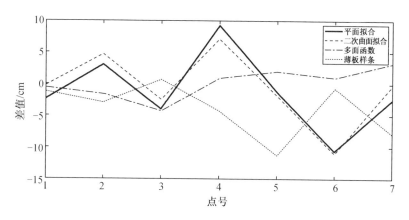

图 7.18 A 区内符合残差图

再由表 7.9 可知,A 区为平缓地区,地形变化相对简单,各种模型拟合得到的精度都有所提高,且二次曲面拟合的效果和平面拟合精度近似,都达到了 5 cm 左右,最好的方法还是多面函数拟合,已达到了 2.3 cm。BP 神经网络模型由于数据相对较少,误差相对而言较大。

表 7.9　A 区移去 – 恢复法精度表　　　　　　　（单位:cm）

方法		内符合	外符合
EGM2008 + 平面拟合	最大值	9.19	19.27
	最小值	− 10.60	− 18.84
	均方误差	5.67	9.12
EGM2008 + 二次曲面拟合	最大值	7.06	19.87
	最小值	− 10.99	− 18.84
	均方误差	5.34	8.4
EGM2008 + 薄板样条	最大值	0.66	10.09
	最小值	− 11.27	− 9.72
	均方误差	3.96	5.93
EGM2008 + 多面函数	最大值	3.22	8.70
	最小值	− 4.25	− 16.67
	均方误差	2.30	6.03
EGM2008 + BP 神经网络	最大值	18.44	
	最小值	− 13.63	
	均方误差	9.52	

　　再对 B 区进行拟合,选取(5,7,8,19,25,31,36)7 个点作为校核点,其他水准点作为拟合点,得到结果如图 7.19、图 7.20、表 7.10 所示。

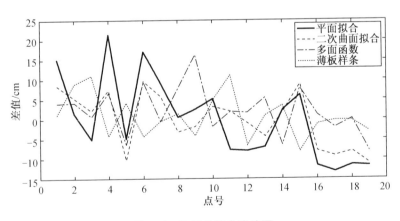

图 7.19　B 区外符合残差图

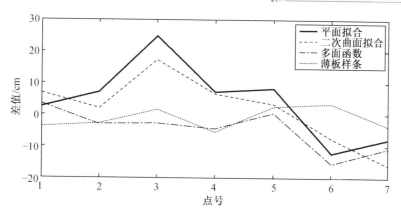

图 7.20　B 区内符合残差图

表 7.10　B 区移去－恢复法精度表

（单位：cm）

方法		内符合	外符合
EGM2008 + 平面拟合	最大值	24.71	21.43
	最小值	− 12.19	− 13.18
	均方误差	11.14	10.11
EGM2008 + 二次曲面拟合	最大值	17.21	9.56
	最小值	− 15.97	− 11.11
	均方误差	9.94	6.71
EGM2008 + 薄板样条	最大值	3.69	10.98
	最小值	− 5.49	− 8.00
	均方误差	3.51	5.24
EGM2008 + 多面函数	最大值	3.46	16.24
	最小值	− 10.55	− 8.15
	均方误差	4.05	5.90
EGM2008 + BP 神经网络	最大值	7.40	
	最小值	− 5.02	
	均方误差	4.91	

　　由以上的图表可以看出,B 区为地形起伏变化较为复杂区域,但在分区后,由于移去了 A 区点位影响,除平面拟合和二次曲面法外其余 3 种模型精度都得到了相应的提高,最佳为多面函数拟合,达到了 4.05 cm,所以为更进一步提高大地水准

面精度,可以在适合的条件下采取分区处理的方法。

7.4 球冠谐映射方法数值分析

本书为构建球冠谐模型并分析球冠半径对构建模型的影响,首先选择构建区域范围,并选择四个球冠半径区域作为实验对象,四个球冠半径的大小为 30°、20°、10°和 5°,四个实验区域的起始经纬度是一致的。每个实验区域,选择三个不同阶次的模型来验证改进球冠谐模型的误差影响。传统球冠谐方法的阶次是有限制的,一般采用 20 阶次,因此我们首先测试了 20 阶次的改进球冠谐模型,同时也做了 30 阶次和 40 阶次的球冠谐数值逼近实验。在 4 个球冠区域内,利用 EGM2008 计算球冠对应的最大球谐阶次($N_{\max}$),选择的计算公式为

$$N_{\max} \approx k\left(\frac{\pi}{2\theta_0} + 1\right) + 1 \tag{7.3}$$

通过式(7.3),计算了 3 种阶次在 4 个实验区域对应的重力场球谐最大阶次 $N_{\max}$,从而得到实验区域和观测区域大地水准面的分辨率、观测值和参数,见表 7.11。其中,样本观测数据的分辨率是模型中经纬度方向的大地水准面起伏的间隔,观测值的数量取决于样本的半径和分辨率,其他未知参数取决于球冠阶次($k_{\max}$)。

表 7.11 改进球冠谐建模实验的参数值

半径/(°)	球冠阶次	最大球谐阶次	分辨率/(°)	观测值	参数
	20	81	1.481 5	1 849	442
30°	30	121	0.991 7	3 969	992
	40	161	0.745 3	6 889	1 722
	20	101	1.188 1	1 296	442
20°	30	151	0.794 7	2 704	992
	40	201	0.597 0	4 761	1 722
	20	201	0.597 0	1 296	442
10°	30	301	0.398 7	2 704	992
	40	401	0.299 3	4 761	1 722

表 7.11(续)

半径/(°)	球冠阶次	最大球谐阶次	分辨率/(°)	观测值	参数
5°	20	381	0.315 0	1 156	442
	30	571	0.210 2	2 500	992
	40	761	0.157 7	4 225	1 722

在 20 阶次的球冠谐模型中,4 个实验区区域半径为 30°、20°、10°、5°,对应的球谐阶次为 81 阶次、101 阶次、201 阶次和 381 阶次,采用 EGM2008 重力场模型计算这 4 种阶次的大地水准面起伏如图 7.21 所示。从图中我们可以看到最低的起伏值小于 −60 m,并且区域越小,大地水准面的波动越小。

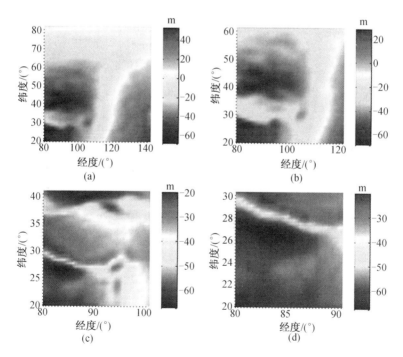

图 7.21　采用 EGM2008 计算的半径分别为 30°、20°、10° 和 5° 的四个区域大地水准面

以图 7.21 中的大地水准面起伏作为球冠谐逼近的观测值,利用最小二乘原理可以计算球冠谐模型的其他未知参数。图 7.22 是在球冠为 20 阶次下对观测区域的逼近误差分布,图 7.23 和图 7.24 分别表示球冠为 30 阶次和 40 阶次时的模型

逼近误差分布图。该误差是球冠谐模型计算的大地水准面起伏和采样点（即格网点）处的"实际值"之间的差。图 7.22 和图 7.23 最大误差分别高达 3 m 和 0.4 m，这还远不能满足大多数工程应用所需的厘米级精度要求，而图 7.24 中的误差就非常小，可以满足应用要求。此外，在图 7.22 和图 7.23 中的每个子图中存在一个边缘区域，并且在同一个子图中边缘区域的模型误差远远大于其他区域。如图 7.24 所示，当球冠阶次足够大时，这种边缘区域就会消失并且误差极小。从实验中可以看出，球冠模型的阶次越大，计算的未知参数的数量就越多，更多的未知参数就需要更多的样品观测数据。

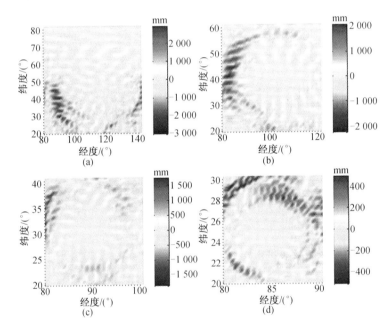

图 7.22　20 阶次改进球冠谐模型逼近误差分布

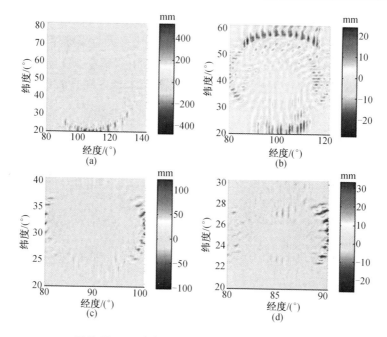

图 7.23 30 阶次改进球冠谐模型逼近误差分布

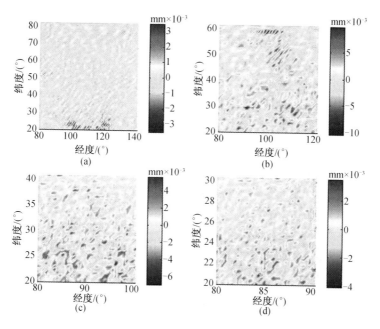

图 7.24 40 阶次改进球冠谐模型逼近误差分布

汇总模型误差统计数据如表 7.12 所示,可以看出,所有的区域平均误差都接近于 0,它们的标准偏差随着模型阶次的变化而变化很大。当球冠阶次为 40 阶次时,四个不同区域模型中的三个差值的统计值非常小,都小于 1 mm,可以忽略不计。这个结果表明,这种新方法是可行的,可以计算高精度和高分辨率的区域大地水准面。

表 7.12　三个不同区域大地水准面模型误差统计

半径/(°)	球冠阶次	平均差/mm	标准差/mm	最大差/mm
30	20	-6.3×10^{-5}	557.4	2 950.0
	30	4.1×10^{-2}	52.5	531.9
	40	-8.3×10^{-6}	5.9×10^{-4}	3.4×10^{-3}
20	20	1.3×10^{-8}	435.0	2 080.1
	30	9.9×10^{-4}	6.4	24.2
	40	6.7×10^{-11}	2.7×10^{-9}	9.9×10^{-9}
10	20	-2.1×10^{-8}	299.9	1 749.5
	30	-6.1×10^{-7}	15.0	123.1
	40	3.7×10^{-11}	1.7×10^{-9}	5.6×10^{-9}
5	20	1.7×10^{-8}	125.7	490.3
	30	9.1×10^{-5}	4.5	33.4
	40	-1.4×10^{-12}	9.7×10^{-10}	3.5×10^{-9}

应当注意,对于高精度区域大地水准面,如果球面半径太大,则由于需要计算更多的参数,改进的球冠谐方法将失去其优势。

7.5 虚拟球谐理论构建市级区域大地水准面数值实验

　　前文已经通过数值实验计算分析了基于虚拟球谐理论构建省级大地水准面的效果,由于省级区域相对来说还是较大,构建的模型参数很多,数据计算量庞大,容易出现奇异问题,同时实际情况要比理论数值计算复杂得多,因此有必要缩小构建区域范围,构建市级大地水准面。以南昌市区域范围为例,数据采集范围如图7.25 所示,该区域范围内的数字地形整体是平缓的,在西北地区有一个小山,海拔高度大约700 m,区域的数据点主要依据交通路线随机采样。通过 EGM2008 模型计算了该区域范围内阶次分别为 2~60、61~360、361~1 000、1 001~2 100 范围内的大地水准面,计算结果对应如图7.26 所示。从图7.26 中可以看出:在南昌市区域范围内,60 阶次以内的重力场模型计算的大地水准面起伏范围达到了 2 m,61~360 阶次范围内的大地水准面起伏范围达到了 40 cm,360 阶次以上的大地水准面起伏范围大约在 20 cm,此时的起伏范围相对已经比较小。对图7.25 中的采样点进行数值计算,得到如图7.27 中的剩余大地水准面数据,数据范围为 -42~ -30 cm,数据起伏范围12 cm。在此基础上,增加 1 cm 的白噪声误差,实际上,由于采样点间距较小,1 cm 的白噪声误差其实是比较大的。

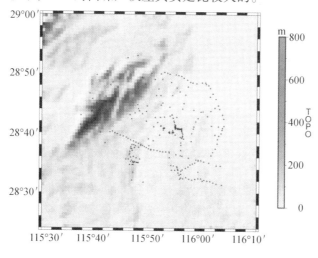

图 7.25 数据采集范围

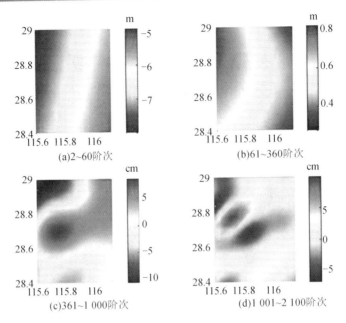

图 7.26 不同阶次大地水准面起伏

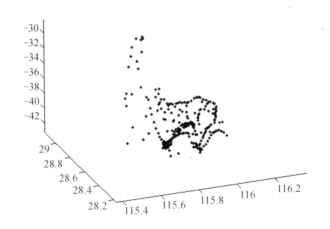

图 7.27 去除 360 阶次重力场模型后的大地水准面数据

利用 4 次多项式拟合和虚拟球谐方法拟合大地水准面,得到的误差分布分别如图 7.28 和图 7.29 所示。从这两幅图中可以看出,多项式拟合误差较差,整体基本达到 5 cm,西北角误差甚至达到 −35 cm,而利用虚拟球谐方法整体误差优于 1 cm。

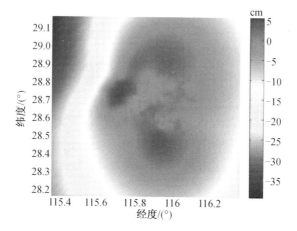

图 7.28 多项式拟合误差分布

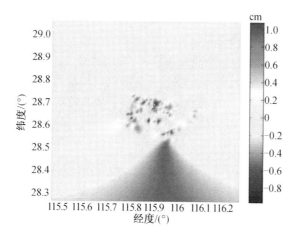

图 7.29 虚拟球谐方法的误差分布

115

参 考 文 献

[1] 晁定波,申文斌,王正涛.确定全球厘米级精度大地水准面的可能性和方法探讨[J].测绘学报,2007,36(4):370-376.

[2] TSCHERNING C C,PODER K.Some geodetic application of clenshaw summation [J].Boll di Geodesia Science Affini,1982(61):349-375.

[3] 党亚民,王伟,章传银,等.综合 GNSS 和重力数据定量评价三峡地区地质环境稳定性[J].武汉大学学报(信息科学版),2020,45(7):1052-1057.

[4] 马健,魏子卿.利用 Molodensky 理论求解第二大地边值问题[J].武汉大学学报(信息科学报),2019,44(10):1478-1483.

[5] 李建成.最新中国陆地数字高程基准模型:重力似大地水准面 CNGG2011 [J].测绘学报,2012,41(5):651-660,669.

[6] 冯进凯,王庆宾,黄炎,等.一种基于自适应点质量的区域(似)大地水准面拟合方法[J].武汉大学学报(信息科学版),2019,44(6):837-843.

[7] 马健,魏子卿.利用 Molodensky 理论求解第二大地边值问题[J].武汉大学学报(信息科学版),2019,44(10):1478-1483.

[8] 董明旭,李建成,华亮春,等.湖南省似大地水准面 2017 模型及精度分析 [J].大地测量与地球动力学,2019,39(1):66-71.

[9] 李建成,陈俊勇,宁津生,等.地球重力场逼近理论与中国 2000 似大地水准面的确定[M].武汉:武汉大学出版社,2003.

[10] 宁津生,罗志才,李建成.我国省市级大地水准面精化的现状及技术模式 [J].大地测量与地球动力学,2004,24(1):4-8.

[11] DONGMEI G,HUIYOU H,PENG S.Precise geoid computation using Stokes-Helmert́s scheme and strict integrals of topographic effects[J].Geodesy and Geodynamics,2019,10(4):290-296.

[12] FOROUGHI I,VANICEK P,KINGDON R W,et al.Sub-centimetre geoid[J].Journal of Geodesy,2019,93(6):849-868.

[13] 李军,欧阳明达,李琦.利用 EGM2008 + DTM2006.0 模型精化区域似大地水准面[J].大地测量与地球动力学,2018,38(3):244-248.

[14] 李斐,岳建利,张利明. 应用 GPS/重力数据确定(似)大地水准面[J]. 地球物理学报, 2005, 48(2): 294 – 298.

[15] 冯金涛,尤宝平,边刚,等. 一种新的沿海区域(似)大地水准面测定方法[J]. 测绘通报, 2016(9): 130 – 132.

[16] 谭衍涛,黄健鹏,黄国荣,等. 重力场模型及 GNSS/水准的区域似大地水准面精化[J]. 测绘科学, 2016, 41(4): 5 – 9.

[17] 申文斌. 论确定全球大地水准面的斯托克斯方法[J]. 测绘学报, 2012, 41(5): 670 – 675, 689.

[18] 申文斌,韩建成. 利用新方法确定的 $30' \times 30'$ 全球大地水准面模型及其精度评估[J]. 武汉大学学报(信息科学版), 2012, 37(10): 1135 – 1139.

[19] SAADAT A, SAFARI A, NEEDELL D. Irg2016: Rbf—based regional geoid model of Iran[J]. Studia Geophysica Et Geodaetica, 2018, 62(3): 380 – 407.

[20] 丁剑,许厚泽,章传银. 基于 Gauss-Listing 大地水准面定义的地球重力场模型评价方法[J]. 大地测量与地球动力学, 2017, 37(1): 5 – 10.

[21] 王建强,储王宁,戴必旭,等. 大地水准面数值计算及结构分析[J]. 测绘科学, 2017, 42(4): 129 – 132.

[22] 郭东美,鲍李峰,许厚泽. 中国大陆厘米级大地水准面的地形影响分析[J]. 武汉大学学报(信息科学版), 2016, 41(3): 342 – 348.

[23] 吴怿昊,罗志才. 地形横向密度扰动对于区域大地水准面建模的影响[J]. 大地测量与地球动力学, 2016, 36(10): 1003 – 1007, 1013.

[24] 郭春喜,聂建亮,王斌,等. 区域似大地水准面拟合方法及适用性分析[J]. 大地测量与地球动力学, 2013, 33(1): 107 – 111.

[25] 朱毅,丁云鹏,李正会,等. 利用三角剖分内插法精化似大地水准面模型[J]. 测绘科学技术学报, 2014, 31(6): 584 – 586,592.

[26] HAINES G V. Spherical cap harmonic analysis[J]. Journal of Geophysical Research, 1985, 90(B3): 2583 – 2591.

[27] 彭富清,于锦海. 球冠谐分析中非整阶 Legendre 函数的性质及其计算[J]. 测绘学报, 2000, 29(3): 204 – 208.

[28] WANG J Q, CHEN H Y, CHEN Y F. The analysis of the associated Legendre functions with non-integral degree[J]. Applied Mechanics and Materials, 2011(130 – 134): 3001 – 3005.

[29] SANTIS A D. Conventional spherical harmonic analysis for regional modeling of

geomagnetic field[J]. Geophysical Research Letters, 1992,19(10): 1065 – 1067.

[30] SANTIS A D,TORTA J M,LOWES F J. Spherical cap harmonics revisited and their relationship to ordinary spherical harmonics[J]. Physics and Chemistry of the Earth(A), 1999, 24(11 – 12): 935 – 941.

[31] NEVANLINNA H, RYNÖ J, HAINES G V, et al. Spherical cap harmonic analysis applied to the scandinavian geomagnetic field 1985.0[J]. Deutsche Hydrografische Zeitschrift, 1988, 41(3): 177 – 186.

[32] WANG J Q, WU K. Construction of regional geoid using a virtual spherical harmonics model[J]. Journal of Applied Geodesy, 2019, 13(2): 151 – 158.

[33] 许厚泽. 全球高程系统的统一问题[J]. 测绘学报, 2017, 46(8): 939 – 944.

[34] 李建成,褚永海,徐新禹. 区域与全球高程基准差异的确定[J]. 测绘学报, 2017, 46(10): 1262 – 1273.

[35] 谭衍涛. 区域数字高程基准模型的构建方法研究及其应用[D]. 广州:广东工业大学, 2015.

[36] MICHAEL G S,BIN B S. A new, high-resolution geoid for Canada and part of the U.S. by the 1D-FFT method[J]. Bulletin Géodésique, 1995, 69(2): 92 – 108.

[37] DENKER H,BEHREND D,TORGE W. The european gravimetric quasigeoid egg96[M]. Berlin:Springer,1997.

[38] HEISKANEN W A,MORITZ H. Physical Geodesy [M]. San Francisco: Freeman and Company, 1967.

[39] YILMAZ N,CAKIR L. A research of consistencies and progresses of geoid models in Turkey[J]. Arabian Journal of Geosciences, 2016, 9(1): 1.

[40] 李建勋. 基于重力场模型与GPS水准组合法区域似大地水准面精化对比研究[D]. 西安:长安大学, 2015.

[41] 张盼盼. 区域似大地水准面精化方法研究分析与应用[D]. 西安:长安大学, 2019.

[42] FOTOPOULOS G,KOTSAKIS C,MICHAELG S. How accurately can we determine orthometric height differences from gps and geoid data? [J]. Journal of Surveying Engineering, 2003, 129(1): 1 – 10.

[43] 孙正明,高井祥,王坚,等. 最小二乘配置法在GPS高程异常推估中的应用

[J]. 测绘科学, 2007, 32(6): 102 – 103, 207.

[44] 张星宇, 陈超, 杜劲松, 等. 天山及邻区 Vening Meinesz 均衡重力异常特征及其动力学意义[J]. 地球物理学报, 2020, 63(10): 3791 – 3803.

[45] 邹贤才, 李建成. 最小二乘配置方法确定局部大地水准面的研究[J]. 武汉大学学报(信息科学版), 2004, 29(3): 218 – 222.

[46] 蒋平. 小区域似大地水准面精化方法的研究[D]. 西安: 西安科技大学, 2011.

[47] VéRONNEAU M, HUANG J L. The canadian geodetic vertical datum of 2013 (CGVD2013)[J]. Geomatica, 2016, 70(1): 9 – 19.

[48] 部晨光. 区域似大地水准面精化的精度评定[D]. 西安: 西安科技大学, 2015.

[49] 李冲. 基于 CQG2000 的区域似大地水准面精化理论与应用研究[D]. 西安: 长安大学, 2007.

[50] 晁定波. 关于我国似大地水准面的精化及有关问题[J]. 武汉大学学报(信息科学版), 2003, 28(S1): 110 – 114.

[51] 刘站科. 以 CQG2000 为平台的区域似大地水准面精化方法研究[D]. 西安: 长安大学, 2009.

[52] 高原, 张恒璟, 赵春江. 多项式曲面模型在 GPS 高程拟合中的应用[J]. 测绘科学, 2011, 36(3): 179 – 181.

[53] 葛栩宏, 张红星, 席瑞杰, 等. 利用多面函数拟合法建立区域地壳水平运动模型的改进算法研究[J]. 测绘通报, 2015, 464(11): 20 – 23.

[54] 布金伟, 左小清. 区域似大地水准面精化的方法探讨与精度分析[J]. 测绘工程, 2017, 26(6): 40 – 45.

[55] 程义军, 孙海燕. 薄板样条与大区域高程异常插值[J]. 测绘科学, 2008, 33(4): 42 – 44.

[56] HUI W, WEI X X, PEI J H, et al. An incremental learning algorithm for the hybrid RBF-BP network classifier[J]. EURASIP Journal on Advances in Signal Processing, 2016, 2016(1): 1 – 15.

[57] 聂建亮, 郭春喜, 程传录, 等. BP 神经网络拟合区域似大地水准面的应用分析[J]. 测绘工程, 2012, 21(1): 21 – 24.

[58] 张飞. 利用球谐函数计算重力场元[D]. 南昌: 东华理工大学, 2017.

[59] 王苗苗, 柯福阳. 多项式曲面拟合和 BP 神经网络 GPS 高程拟合方法的比

较研究[J]. 测绘工程, 2013, 22(6): 22 - 26, 30.

[60] SCHWABE J, HORWATH M, SCHEINERT M. The evaluation of the geoid-quasigeoid separation and consequences for its implementation [J]. Acta Geodaetica et Geophysica, 2016, 51(3): 451 - 466.

[61] 费春娇, 吴佩霖, 张群英, 等. 一种改进型的基于 Stokes 一阶波的海浪磁场模型[J]. 电子与信息学报, 2017, 39(8): 2007 - 2013.

[62] 于锦海, 朱灼文, 彭富清. Molodensky 边值问题中解析延拓法 g_1 项的小波算法[J]. 地球物理学报, 2011, 44(1): 112 - 119.

[63] VANÍČEK P, ZHANG C Y, SJÖBERG L E. A Comparison of stokes and hotine's approaches to geoid computation[J]. Mamuscripta geodaetica, 1992 (17): 29 - 35.

[64] ZHANG X F. The approach of gps height transformation based on egm2008 and srtm/dtm2006.0 residual terrain model[J]. Acta Geodaetica Et Cartographica Sinica, 2012, 41(1): 25 - 32.

[65] LIU Q, SCHMIDT M, SÁNCHEZ L, et al. Regional gravity field refinement for (quasi-) geoid determination based on spherical radial basis functions in Colorado[J]. Journal of Geodesy, 2020, 94(99): 1 - 19.

[66] 夏哲仁, 石磐, 李迎春. 高分辨率区域重力场模型 DQM2000[J]. 武汉大学学报(信息科学版), 2003, 28(S1): 124 - 128.

[67] Icgem. http://icgem.gfz-potsdam.de/ICGEM/modelstab.html[OL]. 2020. 11. 20.

[68] 钟波. 基于 GOCE 卫星重力测量技术确定地球重力场的研究[D]. 武汉: 武汉大学, 2010.

[69] 陈俊勇. 现代低轨卫星对地球重力场探测的实践和进展[J]. 测绘科学, 2002, 27(1): 8 - 10, 2.

[70] 宁津生. 卫星重力探测技术与地球重力场研究[J]. 大地测量与地球动力学, 2002, 22(1): 1 - 5.

[71] 赵东明. 地球外部引力场的逼近与重力卫星状态的估计[D]. 武汉: 武汉大学, 2009.

[72] 彭富清, 夏哲仁. 超高阶扰动场元的计算方法[J]. 地球物理学报, 2004, 47(6): 1023 - 1028.

[73] RIZOS C. An efficient computer technique for the evaluation of geopotential

from spherical harmonic models[J]. Aust J Geod Photogram Surv, 1979(31): 161 – 169.

[74] JEKELI C. Potential theory and static gravity field of the earth[J]. Treatise on Geophysics, 2007,3(10):11 – 32.

[75] Hwang C,Chen S K. Fully normalized spherical cap harmonic:application to the analysis of se-level data from TOPEX/POSEIDON and ERS-1[J]. Geophysical Journal International, 1997, 129(2): 450 – 460.

[76] 王建强,赵国强,朱广彬. 常用超高阶次缔合勒让德函数计算方法对比分析[J]. 大地测量与地球动力学, 2009, 29(2): 126 – 130.

[77] 王建强. 弹道学中重力场模型重构理论与方法[M]. 武汉:中国地质大学出版社, 2018.

[78] 吴星,张传定. 一类球谐函数与三角函数乘积积分的计算[J]. 测绘科学, 2004, 29(6): 54 – 57,5.

[79] HOLMES S A, FEATHERSTONE W E. A unified approach to the clenshaw summation and the recursive computation of very high degree and order normalised associated Legendre functions[J]. Journal of Geodesy, 2002, 76 (5): 279 – 299.

[80] 吴星,刘雁雨. 多种超高阶次缔合勒让德函数计算方法的比较[J]. 测绘科学技术学报, 2006, 23(3): 188 – 191.

[81] KOOP R, STELPSTRA D. On the computation of the gravitational potentail and its first and second order derivatives[J]. Manuscripta geodaetica, 1989(14): 373 – 382.

[82] 罗志才. 利用卫星重力梯度数据确定地球重力场的理论和方法[D]. 武汉:武汉大学, 1996.

[83] 吴庭涛,郑伟,尹文杰,等. 地球卫星重力场模型及其应用研究进展[J]. 科学技术与工程,2020,20(25):10117 – 10132.

[84] MEHRAMUZ M, ZOMORRODIAN H, SHARIFI S. Calculation of geoid-quasigeoid separation using the solution of Laplace's equation by finite difference method—examples from Iran[J]. Arabian Journal of Geosciences, 2014,8(3): 1513 – 1520.

[85] TURGUT B, INAL C, CORUMLUOGLU O. Comparison of the geoid undulations obtained by EGM96, TG99 and GPS/leveling in Turkey[J]. Acta Geodaetica

Et Geophysica Hungarica, 2004, 39(4):403 – 410.

[86] JIAN C L, DING B C, JIN S N. Spherical cap harmonic expansion for local gravity field representation[J]. Manuscr Geodaetica, 1995, 20(4): 265.

[87] ZHEN C A, MA S Z, TAN D H, et al. A spherical cap harmonic model of the satellite magnetic anomaly field over china and adjacent areas[J]. Journal of Geomagnetism and Geoelectricity, 1992, 44(3): 243 – 252.

[88] SANTIS A D, KERRIDGE D J, BARRACLOUGH D R. A spherical cap harmonic model of the crustal magnetic anomaly field in europe observed by MAGSAT[J]. Geomagnetism and Palaeomagnetism, 1989, 9(1): 22 – 32.

[89] HAINES G V. Magsat vertical field anomalies above 40°N from sphercial cap harmonic analysis[J]. Journal of Geophysical Research, 1985, 90(B3): 2593 – 2598.

[90] HAINES G V. Spherical cap harmonic analysis[J]. Journal of Geophysical Research, 1985, 90(B3): 2583 – 2591.

[91] SANTIS A D, FALCONE C. Spherical cap models of Laplacian potentials and general fields[M]. Boston: Kluwer Academic Publishers, 1995.

[92] 吴招才, 刘天佑, 高金耀. 局部重力场球冠谐分析中的导数计算及应用[J]. 海洋与湖沼, 2006, 37(6): 488 – 492.

[93] LEBEDEV N N. Special functions and their application[M]. New York: Dover, 1972.

[94] MATHEWS J H, FINK K K. Nemerical methods using matlab[M]. New Jersey: Prentice-Hall Inc, 2004.

[95] 陈俊勇. GPS 水准网格间距的设计[J]. 大地测量与地球动力学, 2004, 24(1): 1 – 3.